Hans-Dieter Bossemeyer **Gebäudeschadstoffe im Bild**

Gebäudeschadstoffe im Bild

Asbest, KMF, PCB, PAK und weitere Schadstoffe
in Gebäuden erkennen

mit 52 Abbildungen

Dipl.-Ing. Hans-Dieter Bossemeyer

RM Rudolf Müller

Bibliografische Information der Deutschen Nationalbibliothek
Die Deutsche Nationalbibliothek verzeichnet diese Publikation in der Deutschen Nationalbibliografie; detaillierte bibliografische Daten sind im Internet über https://dnb.de abrufbar.

Maßgebend für das Anwenden von Normen ist deren Fassung mit dem neuesten Ausgabedatum, die bei der Beuth Verlag GmbH, Burggrafenstraße 6, 10787 Berlin, erhältlich ist. Maßgebend für das Anwenden von Regelwerken, Richtlinien, Merkblättern, Hinweisen, Verordnungen usw. ist deren Fassung mit dem neuesten Ausgabedatum, die bei der jeweiligen herausgebenden Institution erhältlich ist. Zitate aus Normen, Merkblättern usw. wurden, unabhängig von ihrem Ausgabedatum, in neuer deutscher Rechtschreibung abgedruckt.

Das vorliegende Werk wurde mit größter Sorgfalt erstellt. Verlag und Autor können dennoch für die inhaltliche und technische Fehlerfreiheit, Aktualität und Vollständigkeit des Werkes keine Haftung übernehmen.

Wir freuen uns, Ihre Meinung über dieses Fachbuch zu erfahren. Bitte teilen Sie uns Ihre Anregungen, Hinweise oder Fragen per E-Mail: fachmedien.bau@rudolf-mueller.de oder Telefax: 0221 5497-6114 mit.

Lektorat: Petra Sander, Köln
fachliche Mitwirkung: Olaf Dünger, Grefrath; Dr. Birgitta Höwing, Altenberge; Dr. Gerd Zwiener, Köln
Umschlaggestaltung: WMTP Wendt-Media Text-Processing GmbH, Birkenau
Satz: WMTP Wendt-Media Text-Processing GmbH, Birkenau
Druck und Bindearbeiten: Westermann Druck Zwickau GmbH, Zwickau
Printed in Germany

ISBN 978-3-481-04196-0 (Buch-Ausgabe)
ISBN 978-3-481-04197-7 (E-Book-Ausgabe als PDF)

FSC www.fsc.org
MIX
Papier aus verantwortungsvollen Quellen
FSC® C110508

Vorwort

Schadstoffe in Gebäuden sind häufig vorhanden, aber oft schwer zu erkennen.

Daher kommt es entscheidend darauf an, alle Anzeichen auf Schadstoffe zu erfassen, zusammenzutragen, richtig zu deuten und einen eindeutigen Beleg für das Vorhandensein zu erstellen. Genau diesen Weg des Erkennens und Prüfens von Schadstoffanzeichen in Gebäuden beschreibt das vorliegende Buch. Die kompakte Form vereinfacht das Vorgehen vor Ort, bietet aber trotzdem einen umfassenden Überblick, sodass für alle Baubeteiligten die Sicherheit des Erfassens in einem ersten Schritt sehr einfach gegeben ist.

Das Buch zeigt, gegliedert nach Schadstoffen, übliche Gebäudeszenarien mit Hinweisen auf Schadstoffe in Bauteilen und Baustoffen in den typischen Situationen im Bauwerk. Zudem beschreibt es grundlegende Vorgehensweisen der Materialprobenahme.

„Gebäudeschadstoffe im Bild" ist mit seinen Beispielszenarien bewusst anschaulich gestaltet, um einen effizienten Zugang zur komplexen Vielfalt des Themas für alle Interessengruppen zu ermöglichen. Es beantwortet damit schnell und verständlich, aber trotzdem sicher und weit umfassend die einfache Frage, die immer am Anfang steht:

„Wo muss ich suchen, um zu finden?"

„Gebäudeschadstoffe im Bild“ wendet sich somit an Sachverständige und Fachplaner ebenso wie an Bauherren, Gebäudeeigentümer, Ausführende aller Gewerke und Nutzer, die ihr Wissen ergänzen oder erst aufbauen und somit jedenfalls mehr Sicherheit durch eigene Erkenntnis erhalten wollen.

Oktober 2020 Hans-Dieter Bossemeyer

Inhalt

Abkürzungen

DDT Dichlordiphenyltrichlorethan

DGUV Deutsche Gesetzliche Unfallversicherung e. V.

HCH Hexachlorcyclohexan

KMF künstliche Mineralfasern

PAK polycyclische aromatische Kohlenwasserstoffe

PCB polychlorierte Biphenyle

PCP Pentachlorphenol

PE Polyethylen

PUR Polyurethan

PVC Polyvinylchlorid

SCCP short-chain chlorinated paraffins (kurzkettige Chlorparaffine)

TRGS Technische Regeln für Gefahrstoffe

VOC volatile organic compounds (flüchtige organische Stoffe)

Vorgehen bei der Gebäudeschadstofferkundung

Strategische Schritte der Gebäudeschadstoffsuche

Die Suche nach Gebäudeschadstoffen erfolgt strategisch sinnvoll in folgenden grundsätzlichen Schritten:

- **Umfassendes Wissen** über die Schadstoffe und ihre Natur aus der einschlägigen Fachliteratur und den Fachveranstaltungen ist für Sachverständige unerlässlich. Die aktuellen Richtlinien gelten bereits ab der Probenahme, und einschlägige Sach- und Fachkundequalifikationen sind teilweise verpflichtend. Dazu sind gute Kenntnisse der Bautechnik mit Architektur, Statik und Brandschutz sowie der Baustoffe nebst ihren Produktlinien und Anwendungen angezeigt.
- Die **Betrachtung der Historie und Bauweise** des jeweiligen Gebäudes, seiner Baujahre und Umbaujahre, der Nutzungen und Renovierungen anhand von Zeitzeugen- und Nutzerberichten, Plänen und Baubeschreibungen stellt den ersten konkreten Schritt für das jeweilige Gebäude dar und bildet die Grundlage des Probenahmeplanes im nächsten Schritt.
- Es folgt die **Sichtung aller Bereiche** im Bauwerk mit intensivierter Prüfung der Bereiche mit besonderen Verdachtsmomenten. Dabei können Bauteilöffnungen notwendig werden, z. B. das Öffnen von Unterdecken und Schächten, Böden oder Wänden mit Demontagen, Auftrennung oder Kernbohrungen. Implizit oder in einem gesonderten Schritt

wird dabei eine Probenahmeplanung anhand der Ausdehnung verdächtiger Bauteile und der Kombination der Verdachtsmerkmale vorgenommen.

- Die **Entnahme von Materialproben** erfolgt als Entnahme gezielter oder repräsentativer Proben. Die gezielte Probe ist grundsätzlich erfolgreicher als eine Blindbeprobung, kann aber nur mit ausreichend deutlichen Hinweisen zum Schadstoff und zu seiner Kontinuität im Material bzw. zu einer Serie von Vorkommen erfolgen. Liegen diese Hinweise jedoch nicht vor, muss mit statistisch begründeten Mehrfachbeprobungen bzw. – je nach Möglichkeit der anschließenden Analyseverfahren – auch mit Mischproben ein sinnvoll eingegrenzter Bereich so erfasst werden, dass von einem überwiegend zutreffenden Bild ausgegangen werden kann.
  Oft weisen Bauprodukte mehrere Schadstoffe auf, beispielsweise der Buntsteinputz Asbest und polychlorierte Biphenyle (PCB) oder Dachdichtungssysteme Asbest und polycyclische aromatische Kohlenwasserstoffe (PAK). Es kann auch sein, dass hinter einem asbesthaltigen Spachtel noch eine Wandisolierung mit Spritzasbest vorgefunden wird oder PAK-Belastungen im Kleber und künstliche Mineralfasern (alte Mineralwolle) in der Dämmung des Estrichs vorhanden sind. Aus Gründen der Vollständigkeit und aus Gründen der Sicherheit ist daher bereits bei der Probenahme der „zweite Gedanke" notwendig.
- **Staub- und Raumluftproben** können in dieser Phase der Erhebung bereits Belege oder Hinweise geben, wenn, wie z. B. bei den flüchtigen organischen Stoffen (VOC), die Freisetzung des Schadstoffes gegeben ist. Aber auch an-

hand von sekundären Belastungsbildern des Materials, wie bei den schwerflüchtigen PCB, können Schadstoffbelastungen eingegrenzt werden.

- Die **Dokumentation der Probenahme** sollte durch Beschreibungen auf dem Probengebinde, durch Planeinträge mit gleichen Daten und durch Fotografien des Probenahmeortes und der Probenahmestelle erfolgen. Die Beschreibung enthält die Projektidentifikation, die Laufnummer der Probenahme, die Lage im Objekt und im Raum sowie die Materialart, die Materialfunktion und den zu prüfenden Schadstoffparameter. Durch Codierungen kann in den Plänen reduziert eingetragen werden. Zur Absicherung sollte aber der Probenahmebereich und die genaue Probenahmestelle mit beschriftetem Probengebinde auf einem Foto aufgenommen werden. Probenahmeprotokolle mit Benennung des Probenahmeverfahrens als Begleitpapiere der Proben sind für das Labormanagement sinnvoll.

Materialanalysen und orientierende Prüfungen

Die **Analyse** der vorgefundenen verdächtigen **Materialien** erfolgt im chemischen, physikalischen oder biologischen Labor. Die Labormethoden sind überwiegend standardisiert und wurden bereits in gleicher Weise für die Ableitung von Beurteilungswerten verwendet. Die Analyseverfahren müssen aktuell sein, um die Ergebnisse mit den aktuellen Beurteilungswerten abgleichen zu können.

Die Auswertung der Analysenergebnisse dient nicht nur der Beurteilung der Gebäudesituation, also einem Gutachten und/

oder dem Kataster, sondern sie erlaubt auch Rückschlüsse auf zutreffende oder noch zu ergänzende Probenahmen.

Oft wird nur eine erste „**orientierende Prüfung**" ausgeführt, die nach der Besichtigung des Objektes eine verringerte Anzahl von Proben auswertet. Auf eine sinnvoll begrenzte Anzahl von Schadstoffparametern zu prüfen, wird letztlich immer notwendig sein. Diese orientierenden Prüfungen können nur vorgeschaltet sein, um danach gezielter mit der Prüfung fortzufahren. Sie können aber z. B. für eine grobe Kostenschätzung zur Planung von Baumaßnahmen bereits ausreichen. Belastbarere Untersuchungsverfahren sind dann späterhin unbenommen. Es gilt der Grundsatz: Nur die vollständige Prüfung kann Belastungen sicher ausschließen oder eingrenzen.

Die Strategie der Prüfung anhand sich zunehmend verdichtender Hinweise ist bei jedem Schadstoff durch seine materiellen Eigenschaften und seine Verwendungen anders geprägt. Diese Verwendungen werden im Folgenden für viele Schadstoffe in den Szenarien dargestellt, die sich aus der Erfahrung ergeben haben.

1 Asbest

Asbest stammt aus geogenen Vorkommen, d. h., es ist durch natürliche Prozesse in der Erde entstanden. Die Asbestfasern brechen beim Zermahlen aus den kristallinen Gangarten (Gesteinsbändern) der natürlichen Vorkommen in Bündeln aus, die weiter in feine und allerfeinste Fasern aufspleißen. Alle Asbeste sind Mineralien mit einem matten Glanz, der sich im zermahlenen Zustand in den Asbestprodukten zunehmend verliert. Die Merkmale der im bautechnischen Sinne zu nennenden Asbestarten sind:

- Chrysotilasbest ist eher weiß und wollig bzw. spinnbar.
- Krokydolith ist vorwiegend blaugrau und nadelig.
- Amosit und Anthophyllit sind oft von brauner bis grünlichgrauer Farbe und meist nadelig, teilweise langnadelig.

Es gibt einige weitere Asbestarten. Von Bedeutung im Baugeschehen können davon auch Aktinolith und Tremolit sein, denn sie werden heute noch als geogene Zuschlagstoffe ungezielt mit den Baustoffen eingebracht. Die Erkenntnisse und Beurteilungen dazu sind aber noch unvollständig.

1.1 Typische Asbestbauprodukte

Anorganische Massen

Spritzmassen

Spritzasbest: blauer oder weißer Asbest (ggf. mit künstlichen Mineralfasern [KMF]), Amosit (grünliches Grau)

Leichte Mörtel

Akustik-, Rabitz- und Feinputze, Wurfmassen, leichte Brandschutzmörtel, Lehmschläge, Gefälle- und Isolierestrich, Feuerfestmörtel, Weißzement-Fassadenbeschichtungen

Kleber und Nivelliermassen

(überwiegend mineralisch)

Zement-Zahnspachtelkleber für Fliesen, Dünnbettkleber für Gasbetonsteine oder Glasbausteine, Fließ- und Nivelliermassen, Muffenleime

Gips-Spachtelmassen

Füll- und Glättspachtel (Gipskartonplattenfugen), Gipsfeinputze (Wandspachtel), Spritzspachtel, Montagespachtel, Elektrikerspachtel, Reparaturspachtel, Wandfüller, gipsbasierte Batzenkleber

Beschichtungen

(mineralisch)

Kalkbinderfarben, Mineralfarben, Raufaserfarbe

Harte Mörtel

Magnesitestrich, harter Brandschutzmörtel, Dachdeckermörtel, Haftgrund-Spritzmörtel

Textilien
Gewebe, Schnüre und Seile, Stopfwolle

Anorganische Formate

Leichte Platten
leichte Brandschutzplatten (verschiedene Bindemittel und Materialstärken bzw. im Sandwichaufbau)

Pappen und Papiere
Hitzeschilde, Schutzunterlagen, Trennlagen und Windsperren, KMF-Kaschierungen, Dichtungen, Tapeten

Faserzementplatten und -formteile
Asbestzementplatten im Hatschek-Verfahren: Wellplatten und Anschlussstücke, Tafeln (z. B. Wandtafeln, Montagetafeln), verfestigte Tafeln, Schindeln

Faserbetonplatten und -formteile
Betonbauteile mit ungerichteten Asbestfaseranteilen: Hartbetonplatten, Werksteinplatten (Fensterbänke, Einfassungen), Stampfbeton-Bodenfliesen, Trinkwasser- und Abwasserrohre, Abstandshalter im Stahlbetonbau, Mauerstärken (Ankerhülsen), Moniereisenverbinder (Knochen), Lüftungs- und Abgaskanäle, Kübel und Becken, Fassaden-Profilelemente

Gipsplatten und -formteile
Stuckplatten und Stuckbänder

Naturstein-Einschlüsse
in Ergussgesteinen, z. B. in Basalt, Glimmer, Olivin, Speckstein (u. a. in Straßenschotter, Dachdichtungsbahnbesandungen, Talkumpuder)

Organische Massen

Fugenmassen
hell oder schwarz mit Teer/Bitumen, Füllungen von Fugenprofilen

Kitte
hell mit Leinöl und Kunstharzen oder schwarz mit Teer/Bitumen, Glaserkitte, Blechkitte, Elektrikerkitte

Beschichtungen
(überwiegend organisch)
Ölbinder- oder Kunststofffarben, Epoxidharzbeschichtungen, Primer, Isolieranstriche, Buntsteinputze (mit Harzbindung)

Gießharze
aushärtende Fließbeläge, z. B. Werkböden

Kleber
(organisch)
Roll- und Zahnspachtelkleber: Dispersions- und Polyurethankleber (PUR-Kleber), z. B. für Beläge, Bekleidungen und Vorsatzschalen

Ölspachtel
Lackspachtel, Klempnerspachtel, Polyesterharzspachtel

Teer- und Bitumenmassen/-anstriche
Fugenmassen, Isolieranstriche, Belagkleber, Asphalt-Gießmassen (insbesondere Dachdichtungen)

Asphalte
Walzasphalt (insbesondere Kreuzungsbereiche), Gussasphalt

Stampfmassen
Stampfholzestrich, Holzbetonestrich

Organische Formate

Faserschaumstoff
Schaumstoffplatten (ggf. aluminiumkaschiert oder in Streifen)

Faserplatten
harzgebundene Faserplatten bzw. Pappen (ggf. aluminiumkaschiert, selbstständig)

Spanplatten
Holzwerkstoffplatten (mit Asbestfasern), Fertigestrichplatten, Tischplatten mit Asbestpappenrückseite

Elastische Beläge
Polyvinylchlorid-Bahnen (PVC-Bahnen) und PVC-Belagfliesen, Cushion-Vinyl-Bahnen und -Fliesen, Floor-Flex-Platten, Linoleum

Duroplastbauteile
Elektrogehäuse, Kleinbauteile

Teer- und Bitumenwaren
Dachdichtungsbahnen, Eckprofile, Trennpapiere

Gummiwaren
Fensterfugenprofile, Flanschdichtungen, Förderbänder, Puffer und weitere Gummiprodukte

1.2 Baujahre als Suchhinweise für Asbest

1800 bis 1940: wenig Asbest mit der beginnenden Industrialisierung

1940 bis 1945: Asbest u. a. im Bombentrümmer-Bauschutt

1945 bis 2000: viel Asbest durch den Bauboom

bis 1974: Spritzasbest

bis 1982: leichte asbesthaltige Platten

bis 1992: Asbestzement

bis 1993: Putze, Spachtelmassen und Fliesenkleber

Die Asbestverwendungen waren zuletzt sehr gering geworden; andererseits wurden alle Jahreszahlen in der Praxis wiederholt durchbrochen, sodass eher 1995 als Enddatum der Asbestverwendung anzusetzen ist.

1.3 Beprobung von Asbestfundstellen

Der Schadstoff Asbest in den Baumaterialien eines Gebäudes kann nicht mit Raumluftmessungen oder Liegestaubanalysen genutzter Bereiche sicher nachgewiesen werden, da er nach einer mechanischen Störung überwiegend nur für eine kurze Zeit in die Luft abgegeben wird und sich im Staubdepot auch nicht zuverlässig abbildet. Der Inspektion der Baumaterialien kommt somit die vorrangige Bedeutung zu.

Visuell kann Asbest nur in dafür gut geeigneten Proben, in denen die Asbestfasern noch in gröberen Bündeln auftreten, erkannt werden. Dort sind sie bei Anteilen über ca. 5 Masse-% durch Absuchen mit dem bloßen Auge im Bauprodukt als Faserbündel noch erkennbar und geben einen deutlichen Anlass zur Beprobung und Analyse.

Wichtige Hinweise zur Eingrenzung von asbesthaltigen Materialien bei der Inaugenscheinnahme und Beprobung geben:

- Brandschutzanforderungen,
- die statische Belastbarkeit bzw. filigrane Bauteile,
- die mechanische Beanspruchbarkeit gegen Abrieb,
- Verarbeitungsansprüche (Fließfähigkeit, Steifigkeit, Verarbeitungstemperatur) bei Massen,
- innere Spannungskräfte bei thermischer Beanspruchung,
- technische Anlagen und Stahlbau insgesamt sowie
- die korrosive Beanspruchung.

Wenn diese Hinweise auf Asbest genügend deutlich und konkret auf ein verwendetes Material bezogen werden können, geben sie den Anlass für eine Materialanalyse. Sie kann bei deutlichen Hinweisen auf Asbest (z. B. durch Aufschrift, Produktmerkmale oder Faserbündelanteile) auch visuell durchgeführt werden und die Zuordnung „Asbest positiv" zur Folge haben, insbesondere, wenn der wirtschaftliche Wert des Gegenstandes gering ist.

Bei der Probenahme ist zu beachten, dass bestimmte Formate, wie z. B. Asbestzementplatten, geschichtet aufgebaut sind, also eine Querschnittsprobe durch alle Schichten benötigen. Zu beachten ist auch, dass Massen oft in Lagen, asbesthaltige abwechselnd mit asbestfreien, aufgebracht wurden. Wenn sie dabei sehr dünn ausgezogen wurden, wird eventuell die Nachweisgrenze der Laboranalyse unterschritten.

Alle Asbestprodukte können nicht oder kaum erkennbar mit asbestfreien Baumaterialien im Laufe der Anwendung abwechseln. Auch hier sind Detailuntersuchungen auf abweichende Verwendungen (z. B. eine gespachtelte Reparaturstelle abweichend von dem Fugenspachtel oder dem Flächenspachtel einer Nische, eines Sockels oder einer ganzen Wand) zielführender als erhöhte Analysemengen, da deren repräsentative Aussage bei kleinen Teilflächen kaum noch gegeben ist. Der Aspekt wechselnder Anwendungen ist insbesondere vor baulichen Eingriffen und Abbruchvorhaben zu berücksichtigen, denn nur mit Querschnitten bzw. Kernbohrungen kann eine befriedigende Aussage über die Bauteiltiefe erhalten werden.

Bei händisch auf der Baustelle mit sog. Asbestfaser-Sackware angemischten Materialien, die vor Ort für eine bessere Verarbeitbarkeit bei niedrigen Temperaturen oder für besondere mechanische Aufgaben optimiert wurden, kann auch eine inhomogene Verteilung der Fasern im Bauprodukt vorliegen, so z. B. bei Lehmschlägen und Epoxidharzbeschichtungen. Bei allen ungezielten Proben gilt bereits der Grundsatz, dass immer mindestens 2 Proben zur Analyse entnommen werden müssen. Im Fall der händisch angemischten Materialien sind aber noch deutlich mehr Proben angezeigt.

Durch eine minimalinvasive Beprobung, das Anfeuchten der Materialien und die Verwendung von Schleusenbeuteln kann eine Faserfreisetzung überwiegend wirksam verhindert werden. Zäh verfestigte Materialien, also der überwiegende Teil der organischen Massen und Formate, können direkt mit einem scharfen Werkzeug beprobt werden.

Für jeden Umgang mit Asbest ist die Sachkunde für Asbest nach den TRGS 519 „Technische Regeln für Gefahrstoffe – Asbest: Abbruch-, Sanierungs- oder Instandhaltungsarbeiten“ (Fassung 2019) notwendig. Für belastbare und sichere Probenahmen sind gute Richtlinienkenntnisse erforderlich.

Faserfreisetzungen sind bei der entsprechenden Methodik vermeidbar. Sollten aber bereits Faserfreisetzungen anhand alter Liegestäube oder akuter Zerstörungen vorauszusetzen sein, empfiehlt es sich, zuerst eine schnellstmöglich organisierte Reinigung und vorläufige Sicherung mit anschließender Kontrollmessung vorzunehmen, bevor der weitere Zutritt erfolgt bzw. die Probenahme fortgesetzt wird.

Die nachfolgend dargestellten Probenahmeverfahren für asbesthaltige Materialien sind oftmals auch für andere Schadstoffmaterialien geeignet.

Probenahme durch Abbrechen unter einem feuchten Tuch

Ein angefeuchtetes Papiertuch wird – die Entnahmestelle umschließend – auf das asbesthaltige Material aufgelegt und angedrückt.

Harte Materialien werden mit der Zange an einer Ecke erfasst und abgebrochen, weichere Materialien mit einer Messerklinge bzw. einem Stechbeitel ausgestochen oder mit der Schere abgeschnitten.

Die Probe wird sodann in dem Tuch geborgen und danach in einen Verschlussbeutel überführt.

Die Methode ist geeignet für harte Asbestzementplatten, Gipsformteile, Faserplatten, Spanplatten und Duroplastbauteile bzw. weichere Mörtel- und Spritzmassen sowie Textilien.

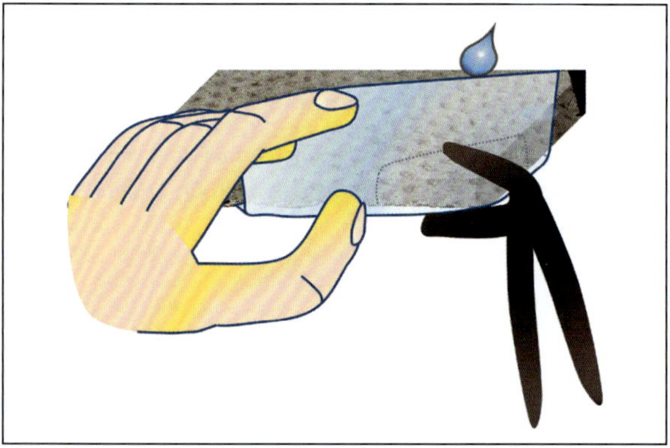

Abb. 1.1: Asbest – Probenahme durch Abbrechen unter einem feuchten Tuch

Minimalinvasive Probenahme

Ein Klebestreifen oder ein Klebeetikett wird auf das asbesthaltige Material aufgelegt und für etwas Materialabtrag mit der Stechbeitelecke vorsichtig durchstoßen.

Der Klebestreifen wird angedrückt, mit der Probe abgezogen, auf einen glatten Träger aufgeklebt und in einem Verschlussbeutel verpackt.

Bei der Beprobung von feinen Asbestfasern, z. B. im Liegestaub, sind Klebefilme (Labormaterial) notwendig, in deren Klebemasse die Fasern nicht einsinken. Beim Liegestaub entfällt das Durchstoßen, aber höhere Ablagerungsstärken erfordern ggf. mehrere Tupfer.

Die Methode ist geeignet für harte Materialien, deren Asbestfasern bis an die Oberfläche anstehen, z. B. Asbestzement-Werksteine und Asbestbetonbauteile, weiterhin für Beschichtungen als selektive Probenahme.

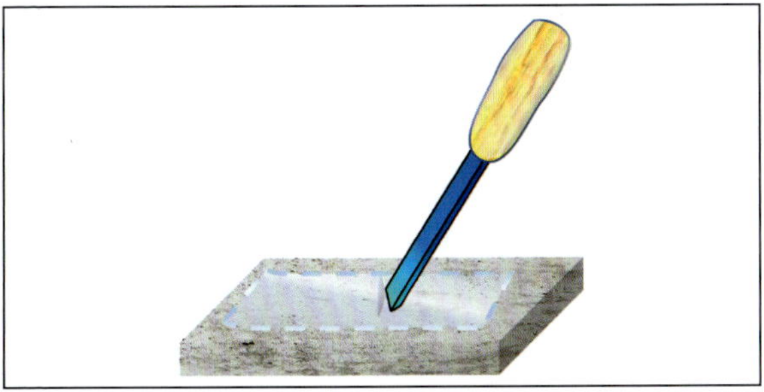

Abb. 1.2: Asbest – minimalinvasive Probenahme

Probenahme von Beschichtungen

Ein Schleusenbeutel aus Polyethylen (PE) mit ausgeschnittenem Fenster in einer Klebemaske auf der Rückseite wird auf die Oberfläche des asbesthaltigen Materials aufgeklebt. Der geschlossene Beutel wird von vorne durchstochen und eine Probe mit geeigneter Tiefe abgestemmt.

Dann wird der geschlossene Beutel vorsichtig abgenommen, die Ränder werden abgetupft und ggf. mit einem Staubsauger der Staubklasse H (H-Sauger) mit einem maximalen Durchlassgrad von < 0,005 % nach DIN EN 60335-2-69 nachgereinigt. Der Beutel wird zusammengelegt und nochmals verpackt.

Die Probenahmefläche wird anschließend verspachtelt und die Werkzeuge werden mit einem nassen Tuch dekontaminiert (siehe auch DGUV 201-012 „Verfahren mit geringer Exposition gegenüber Asbest bei Abbruch-, Sanierungs- und Instandhaltungsarbeiten" [2006], Ergänzungen BT 31 „Ausstanzen von asbesthaltigen Wand- und Deckenbekleidungen in einen Kunststoffbeutel als Schleuse [Stanzverfahren]" [2012] sowie BT 32 „Abstemmen asbesthaltiger Wand- und Deckenbekleidungen in einen Kunststoffbeutel als Schleuse [Stemmverfahren]" [2012]).

Die Methode ist geeignet für Spachtel und Putze, mineralische Kleber sowie für Farben an Wänden und anderen Oberflächen.

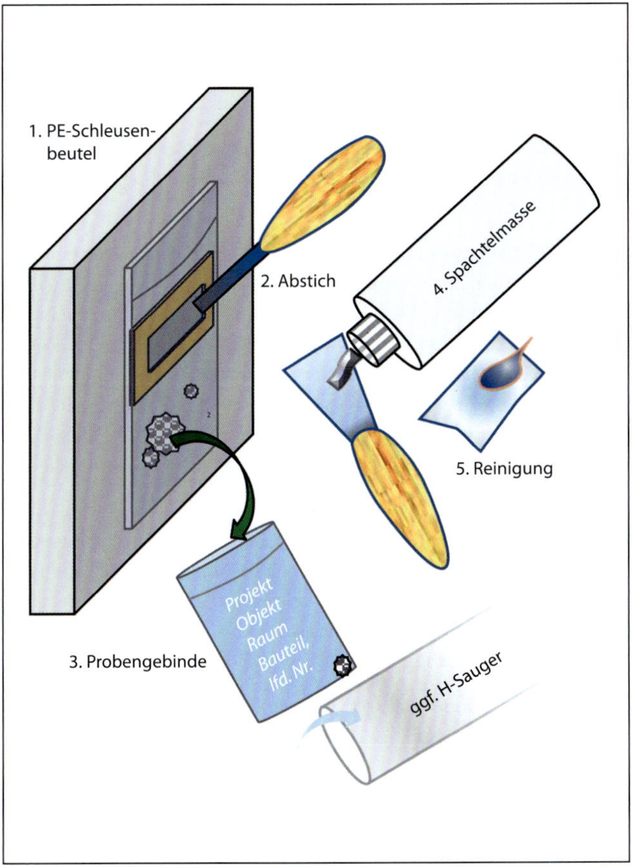

Abb. 1.3: Asbest – Probenahme von Beschichtungen
(nach DGUV 201-012 Ergänzung BT 32 „Stemmverfahren" [2012])

1.4 Gebäudeszenarien mit Hinweisen auf Asbest

1.4.1 Wände, Decken und Böden

Wandbeläge und -beschichtungen

Asbesthaltige Wandbeläge kommen im Unterschied zu den asbesthaltigen Wandbeschichtungen (Spachtelmassen, Putze, Farben) nicht sehr häufig vor.

Flächige Beläge aus asbesthaltigen Pappen wurden vornehmlich in Baracken und technischen Räumen verwendet, auch in Heizungsnischen von Bürogebäuden und Schulen sowie hinter Holzvertäfelungen in Verwaltungsbauten. Asbesthaltige Rolltapeten werden gelegentlich vorgefunden, ebenso Akustikputze mit Asbest, die typisch für Kirchen und Aulen sind. Die asbesthaltigen Buntsteinputze können außer Asbest auch Belastungen durch polychlorierte Biphenyle (PCB) enthalten (siehe auch Kapitel 3).

Auch Floor-Flex-Platten und Cushion-Vinyl-Bahnen mit Asbest wurden in seltenen Fällen für Wände verwendet, ebenso Dekorfliesen, die aus einer Asbestzementplatte bestehen, auf der die Fliesen als Relief aufgedruckt sind. Dekortapeten aus Asbestpapier sind sehr alte Fundstellen.

Unter den asbesthaltigen Belägen finden sich auch asbesthaltige Kleber.

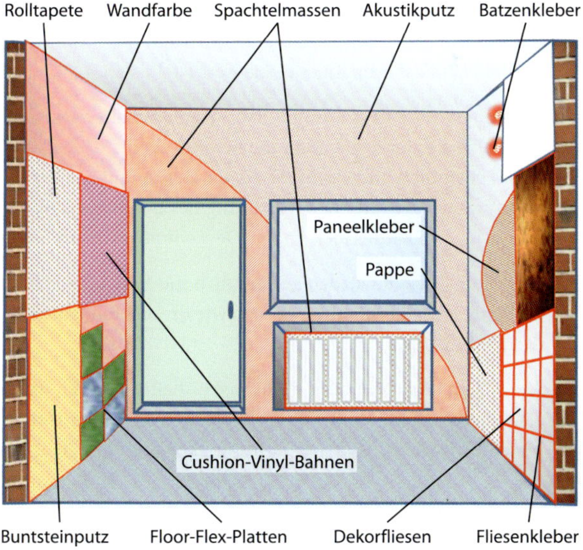

Abb. 1.4: Asbest – Wandbeläge und -beschichtungen

Deckenbeläge und -beschichtungen

Asbesthaltige Spachtelmassen und asbesthaltiger Putz wurden an Deckenunterseiten häufiger verwendet, da diese Produkte bessere Hafteigenschaften bei der Verarbeitung über Kopf hatten als solche ohne Asbest.

Rabitzdecken, das sind Drahtputzkonstruktionen, können ebenfalls mit asbesthaltigem Putz hergestellt sein.

Schalungsstreifen aus dünnen Asbestzementplatten wurden auf die Fugen der Schaltafeln für Betondecken aufgelegt. Sie liegen eigentlich offen sichtbar an der Deckenunterseite vor, schwammen aber oft bei Verdichtung des Beton auf und bilden sich dann kaum noch an der Deckenuntersicht ab.

Zu dünne Decken wurden gelegentlich mit Spritzasbest brandschutztechnisch ertüchtigt, ebenso wie diverse Einbauten in den Decken.

Asbestzementplatten oder leichte asbesthaltige Platten wurden als selbstständige Decken unter Installationen ausgeführt, z. B. bei Flurüberquerungen von Lüftungskanälen.

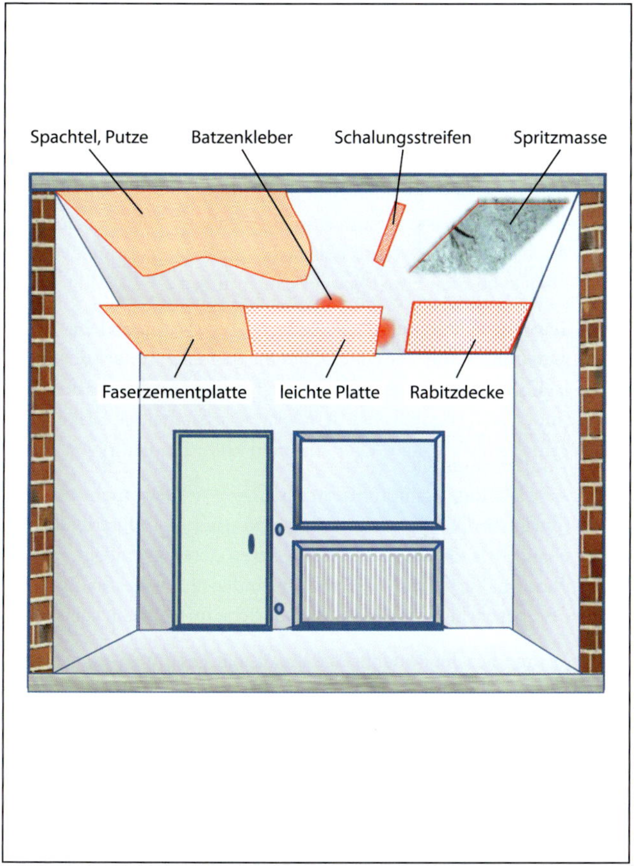

Abb. 1.5: Asbest – Deckenbeläge und -beschichtungen

Bodenbeläge und -beschichtungen

Bodenbeläge mit Asbest sind vielfältig und letztlich nur durch Laboranalysen bestimmbar. Der Belagsaufbau ist zudem oft mehrschichtig, z. B. ist bei den Cushion-Vinyl-Bahnen und -Fliesen die Rückseite eine Asbestpappe.

Asbesthaltige Bodenbeläge können Floor-Flex-Platten, PVC-, Cushion-Vinyl- und Linoleum-Bahnen und -Fliesen sein. Auch Stampffliesen und Asbestzementfliesen kommen vor. Ebenso können Epoxidharzbeschichtungen asbesthaltig sein.

Schwarze Kleber mit Asbestfasern (Teer-/Bitumenkleber) sind typisch für Floor-Flex-Platten, aber auch unter sonstigen PVC-Belägen zu finden. Unter Stab- oder Hirnholzparkett finden sich ebenfalls häufig schwarze asbesthaltige Kleber. Helle asbesthaltige Kleber kommen unter Linoleum vor.

Asbesthaltige Stampfholzestriche sowie Asbestzementestriche (darunter die Magnesitestriche) sind typische Industrieestriche, ebenso wie Gussasphaltestriche, deren Asbestgehalt ggf. ungleichmäßig verteilt ist. Daneben finden sich asbesthaltige Fertigestriche, Kunstharz-Fließestriche und Nivelliermassen.

Wenn über die Bodenbeläge hinaus der gesamte Bodenaufbau betrachtet werden soll, sind ggf. Kernbohrungen bis zur Sohle notwendig, die u. a. auch die Isolierungen (Grundsperren), Trennpapiere und Artefakte unter dem Estrich (z. B. Reste asbesthaltiger Bodenbeläge) mit erfassen.

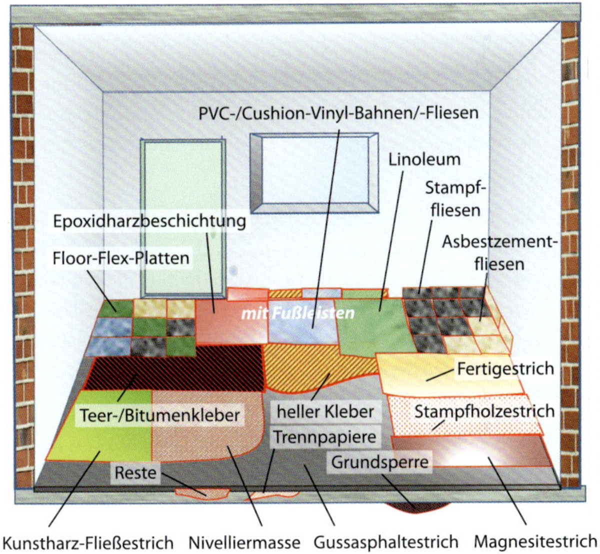

Abb. 1.6: Asbest – Bodenbeläge und -beschichtungen

Betonbau-Hilfsteile

Mauerstärken (Ankerhülsen), Moniereisenverbinder (Knochen) und Abstandshalter können aus einem sehr harten Asbestbeton bestehen. Mauerstärken und Abstandshalter sind oftmals an offenen Wandflächen bzw. an der Unterseite von Bauteilen erkennbar. Die Verwendung der Betonbau-Hilfsteile folgte vorwiegend einem regelmäßigen Muster. Die sog. Knochen werden mit Suchschnitten, wie sie bei einer Statikprüfung üblich sind, bzw. über Öffnungen entlang von Rödeldrähten (Verbindungen verschiedener Lagen der Stahlbetonbewehrung) gefunden.

Asbesthaltige Schalungsstreifen wurden häufig von einer Zementschlämme unterkrochen und sind deshalb nur noch schemenhaft erkennbar. Leichte asbesthaltige Platten oder Asbestzementplatten wurden bei Fertig-Betonbauteilen sowohl als Gleitlager als auch als Abstandsausgleichsplatten eingesetzt. Sie liegen oft mit etwas Abstand von der Außenseite im Inneren der Fugenspalte vor.

Beton enthält natürliche Gesteinszuschläge und kann damit auch geogene Asbestfaseranteile aufweisen. Es wird als eine aktuelle Herausforderung angesehen, die Recyclingmaterialien auch zertifiziert von Vermischungen mit Asbestprodukten frei zu halten.

Dübel mit Asbest wurden oft für Lüftungskanäle und andere Bauteile mit Brandschutzklassifizierungen verwendet.

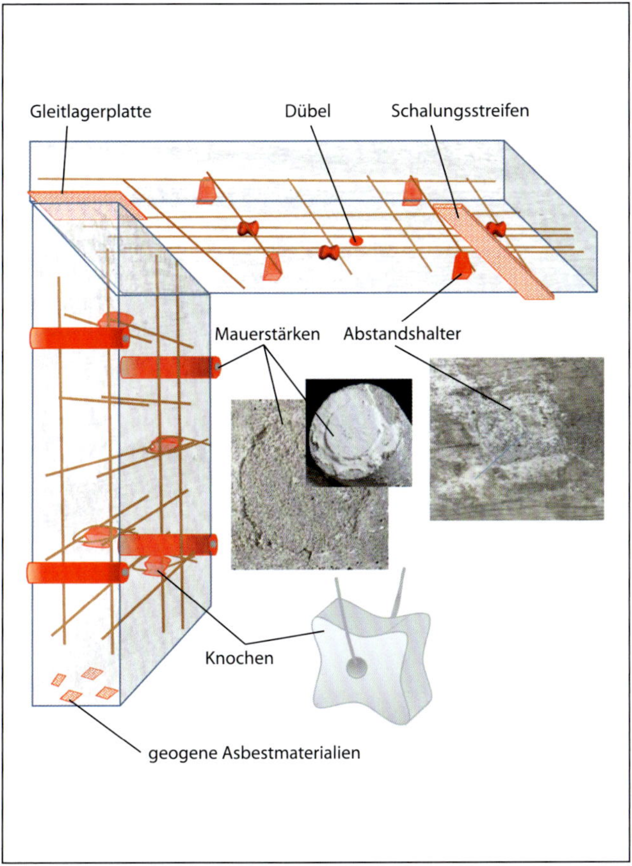

Abb. 1.7: Asbest – Betonbau-Hilfsteile

Leichtbauwände

Leichtbauwände wurden auf Unterkonstruktionen mit Asbestzementplatten oder selbstständig aus leichten asbesthaltigen Platten mehrlagig aufgebaut. Die Brandschutzklasse bestimmte dabei die Lagenstärke.

Selten bestehen die Wände auch aus Holzwerkstoffplatten mit Asbestfasern oder aus Bretterschalungen mit Asbestpappen, typischerweise auf Holzunterkonstruktionen.

Bei Leichtbauwänden mit Unterkonstruktion befinden sich oft innen leichte asbesthaltige Platten vor der Konstruktion, in Anschlussschienen oder als Elementverbinder. Als Füllung der Wände wurde u. a. Spritzasbest verwendet. KMF-Isolierungen wurden mit schwarzem Asbestpapier kaschiert. Plattenfugen wurden auch mit asbesthaltigen Spachteln verfüllt und geglättet, Anschlussfugen (an Boden, Decke, Wand) mit asbesthaltigen Schnüren, Pappen, Fugenmassen oder Asbestfaserschaumstoffstreifen gefüllt.

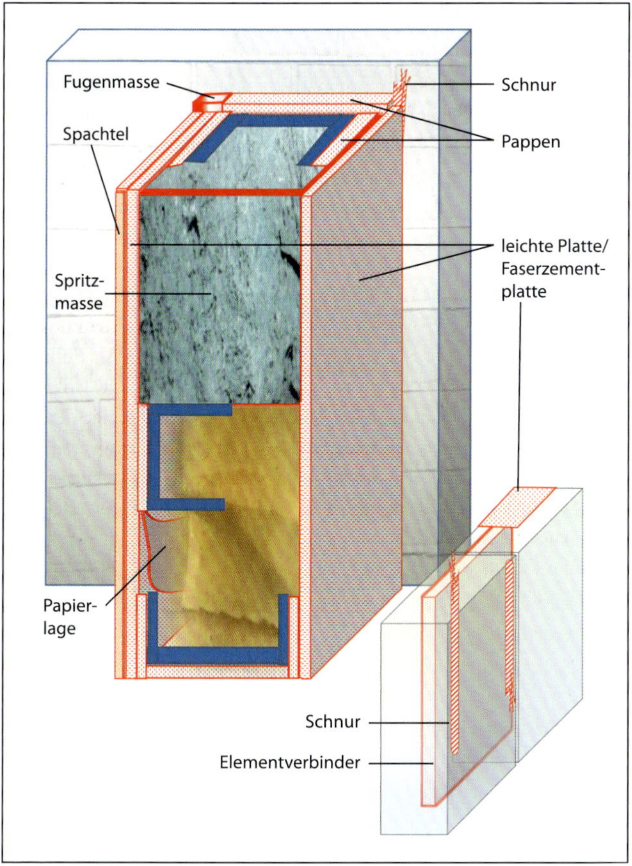

Abb. 1.8: Asbest – Leichtbauwände

Unterdecken und aufgeständerte Böden

Unterdecken und aufgeständerte Böden können aus leichten asbesthaltigen Platten oder Asbestzementplatten aufgebaut sein, die Böden oft in Sandwichausführung. Die Bodenständer wurden mit asbesthaltigem Batzenkleber fixiert oder mit asbesthaltigen Pappen unterlegt. Als abgehängte Decken wurden die Platten in Rasterprofile eingelegt und hatten ggf. das „Würmchen-“ oder „Lochdekor“ wie bei den bekannten KMF-Platten.

In Bodenelektranten und anderen Deckendurchbrüchen sind asbesthaltige Pappen und Schnüre sowie Asbestfaserschaumstoff anzutreffen, in Lampenkörpern vorwiegend asbesthaltige Pappen.

Die Hohlräume dieser Bauteile sowie die zugehörigen Elektrokabel sind prädestiniert für Ablagerungen von Asbestfaserstaub. KMF-Isolierungen wurden mit schwarzem Asbestpapier kaschiert.

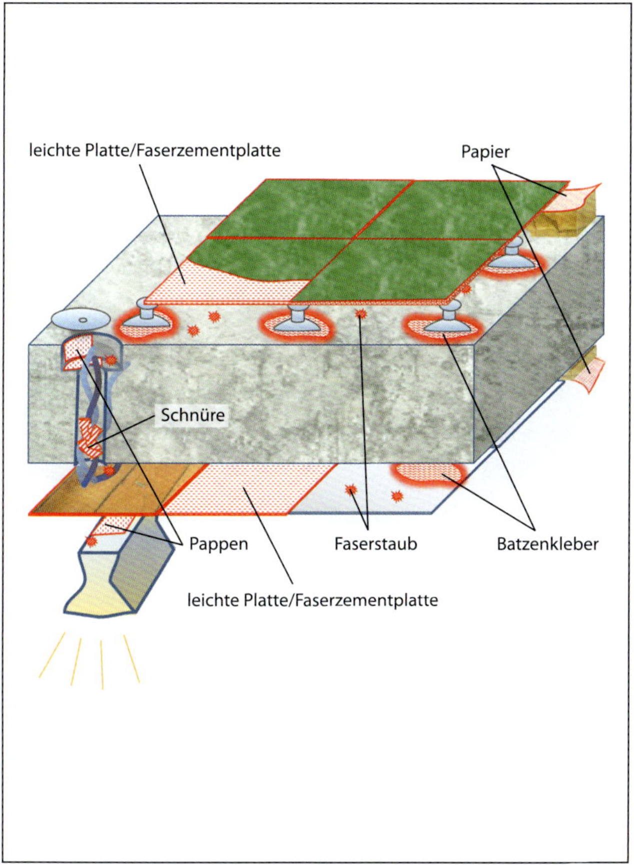

Abb. 1.9: Asbest – Unterdecken und aufgeständerte Böden

1.4.2 Fenster und Türen

Fenster- und Türrahmen

Aufschubzargen für Türen sind an der Nahtstelle (siehe Pfeil in Abb. 1.10) zu erkennen, hinter der die leichte asbesthaltige Platte schwach sichtbar ist.

Zu den asbesthaltigen Malerspachteln der Laibungen und Wände kommt bei Fenster- und Türrahmen der asbesthaltige Montagespachtel hinzu, der ca. 1 bis 10 cm breit ausgestrichen wurde. Fugenmassen mit Asbest und Asbestschnüre sind insbesondere bei Leichtbauwänden an den Türen zu finden. Asbestpappen befinden sich in den Zargen von Brandschutzfenstern.

Leichte asbesthaltige Platten oder Asbestzementplatten kleiden bei Fenstern ohne zurückspringende Öffnungen die Laibungsflächen aus und verdecken dabei die Montagelaschen.

Kitte können als helle Leinölkitte und als schwarze Teer-/Bitumenkitte Asbest enthalten, sowohl in Metallrahmenfenstern in der Industrie als auch in Gewächshäusern oder in Holzrahmenfenstern.

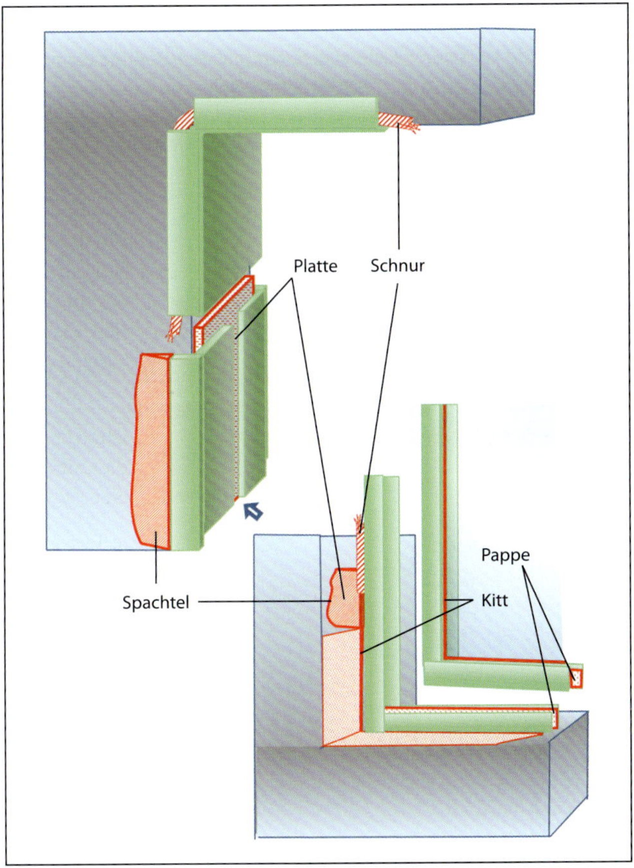

Abb. 1.10: Asbest – Fenster- und Türrahmen

Brandschutztüren und -tore

Häufig kommen bei Brandschutztüren asbesthaltige Pappen innen beidseitig vor der Türschlosstasche vor. Brandschutztüren aus Blech oder Holz(-werkstoff) können auch ganzflächig eine asbesthaltige Pappe oder Platte aufweisen.

Eine durchgehende asbesthaltige Pappe haben Rauchgaszug-Revisionsklappen; sie liegt im Randbereich offen und oft zerrissen vor.

Selbstständig aus leichten asbesthaltigen Platten aufgebaute Brandschutztüren waren Sonderanfertigungen großer Objekte.

Asbesthaltige Schnüre finden sich insbesondere an den Dichtungen von Bunkertüren. In manchen Brandschutz-Rolltorlamellen wurden sie vollflächig eingesetzt.

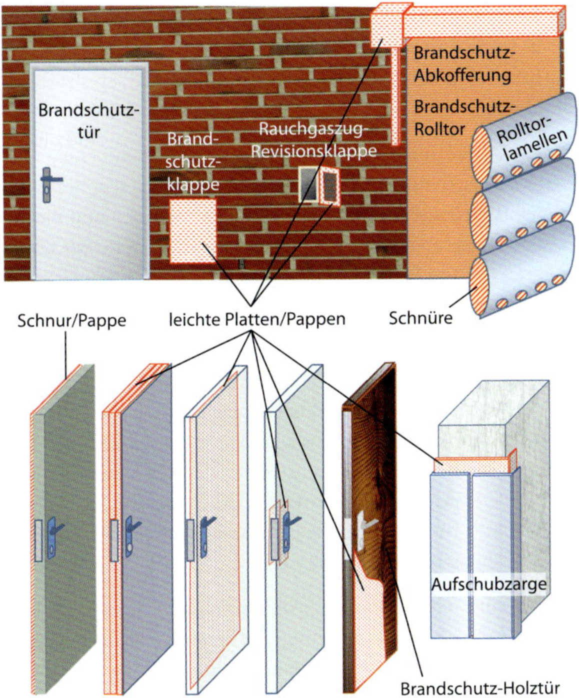

Abb. 1.11: Asbest – Brandschutztüren und -tore

1.4.3 Fassaden

Fassadenbauteile und -stoffe

Bei filigranen Geschossdecken(-enden), vor allem mit außen liegenden Installationskanälen, wurde oft asbesthaltiger Brandschutz (u. a. leichte asbesthaltige Platten, Spritzasbest) eingesetzt.

Die Verwendung von verfestigten Asbestzementplatten und leichten asbesthaltigen Platten im Fassadenbereich war vielfältig: Kleine und große Formate, Sandwichplatten und Blechunterfütterungen bzw. die Brandschurzplatten für die Einhaltung des 1 m Brandüberschlagsabstandes wechseln einander ab. Ebenso finden sich Asbestzement-Wellplatten und Asbestzementschindeln an Fassaden.

Fliesen, Natursteinplatten und Styropor- oder KMF-Isolierungen wurden mit asbesthaltigen Batzenklebern mit Gips oder mit asbesthaltigem organischem Dünnbettkleber angesetzt. Schwarze Papiere als Windsperren oder KMF-Kaschierung enthielten ebenfalls Asbestfasern. Auch asbesthaltige Pappen, Spachtel, Farben, Putze, Fugenmassen und gefüllte Profile wurden an Fassaden verwendet.

Die kurzwelligen Profilelemente (oft mit Firmenaufschrift) von Profilelemente-Brüstungen als typische Formteile bestehen häufig aus Asbestbeton.

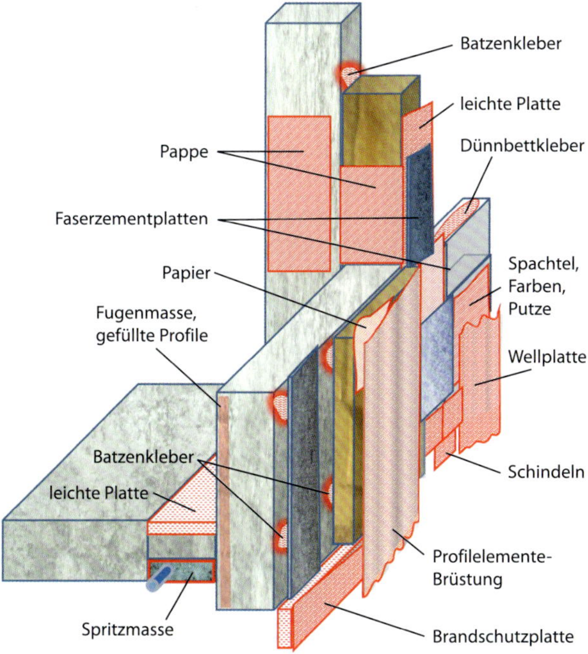

Abb. 1.12: Asbest – Fassadenbauteile und -stoffe

Fassadenstützen

Stahlstützen, aber auch Stahlbetonpfeiler, können Asbestprodukte (z. B. Spritzasbest, asbesthaltige Putze, Spachtel) unter ihren vielfältigen Bekleidungen aufweisen. Im Zwischendeckenbereich oder an vorhandenen Schadstellen sind sie ohne Öffnung der Bekleidungen zu erkennen. Die Außenhaut der Stützen ist aber überwiegend unauffällig.

An einer Fensterfront wird mitunter eine Reihe von Betonstützen durch eine doppelte Stahlstütze an einer Bautrennfuge oder einem Installationskanal mit asbesthaltigen Brandschutzisolierungen (Brandschutzfarbe, leichte asbesthaltige Platten, Spritzasbest, Asbestschnüre) unterbrochen. Oftmals stößt eine Innenwand auf diese Stütze und erschwert dann den Zugang zur Prüfung.

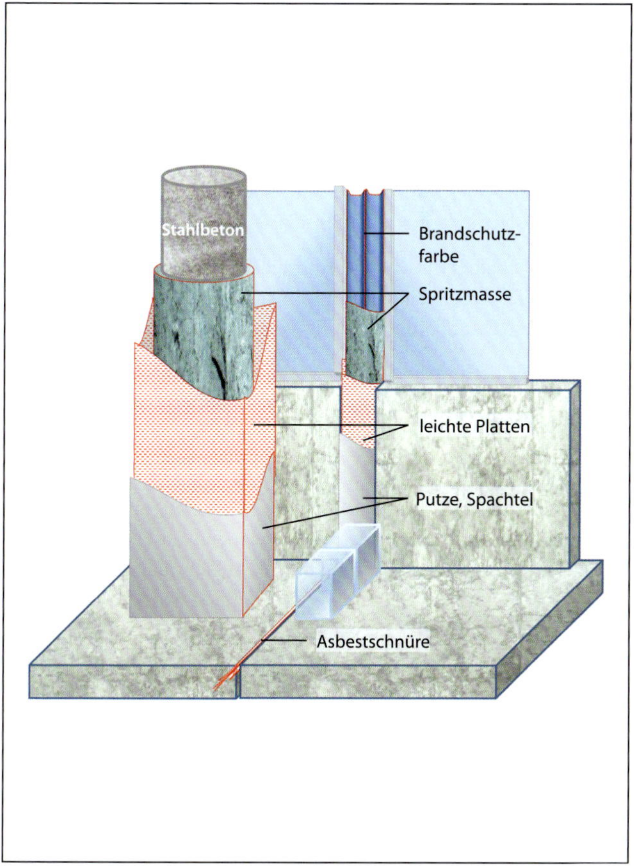

Abb. 1.13: Asbest – Fassadenstützen

1.4.4 Dächer

Dachbereiche

Asbestzement wurde in vielen Produkten auf Dächern eingesetzt. Neben den typischen Wellplatten, bei denen auch auf die Formteile am Giebel und an der Windfeder zu achten ist, kamen Asbestzementschindeln, Asbestzementplatten oder Asbestzementgitter zum Einsatz.

Asbesthaltiger Dachdeckermörtel (Sturmfestmörtel) war eher für die Giebelpfannen oder sehr steile Flächen vorgesehen, Asbest-Dünnbettmörtel hingegen für Rauchgaszug-Formteile.

Zur Isolierung der Decken wurde Estrichmörtel oberseitig der Decken gegossen. Außerdem wurden auf beiden Seiten leichte asbesthaltige Platten oder Asbestzementplatten gesetzt und unterseitig der Decken wurde Spritzasbest aufgebracht.

Asbesthaltige Pappen und Asbestzementplatten wurden bei Brandmauern verwendet, aber auch bei nicht klassifizierten Einbauten aus Holz und Beton, bei Aufstiegsluken und bei Abschnitten des Dachstuhls. Gelegentlich wurden auch asbesthaltige Spanplatten verbaut.

Asbest findet sich auch in Dachdichtungsbahnen.

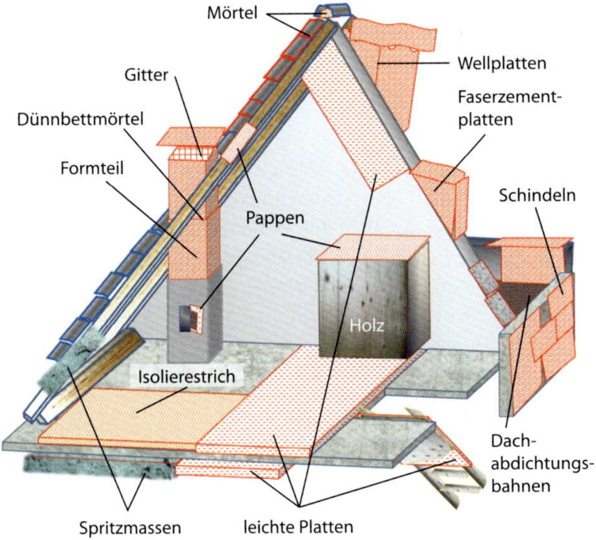

Abb. 1.14: Asbest – Dachbereiche

Dachabdichtungen

Asbest kann in Bitumen- und Teerprodukten wie Gussmassen, Dachdichtungsbahnen oder Eckprofilen enthalten sein. In der Deutschen Demokratischen Republik (DDR) wurde geogen asbesthaltiger Splitt zur Besandung eingesetzt.

In den Dachabdichtungen finden sich auch asbesthaltige Voranstriche, Mörtel, Estriche, Fugenmassen, leichte asbesthaltige Platten sowie asbesthaltiger Teerkork und KMF mit asbesthaltigem Kaschierpapier.

Aufgrund der unregelmäßigen Zusammensetzung alter Dachflächen sind größere Analysenmengen notwendig. Die Proben werden als Stichproben durch alle Schichten hindurch bis zum Rohbau entnommen. Neubelegungen, Fugenmassen, Dämmschichten und Tragplatten werden dabei gesondert betrachtet.

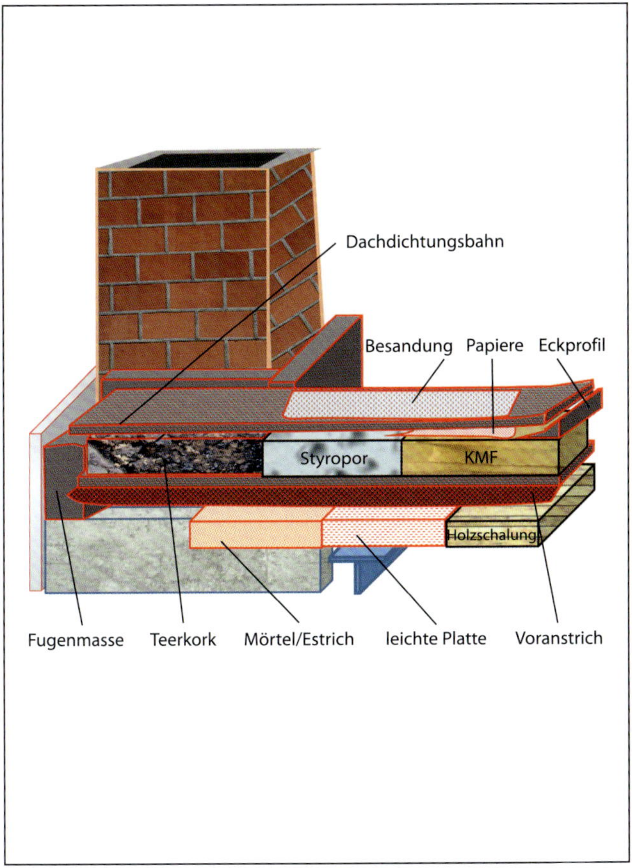

Abb. 1.15: Asbest – Dachabdichtungen

1.4.5 Schotten

Plattenschotten

Schotten aus Platten können nicht nur Raumoberflächen, Konstruktionen und Kanäle bekleiden, sondern auch selbstständig Wand- und Deckenflächen sowie Kanäle und Abkofferungen ausbilden, die sich, zumal wenn sie gleich bekleidet sind, von den normalen Flächen kaum hervorheben.

Die Materialien sind leichte asbesthaltige Platten, Asbestzementplatten und deren Sandwichformen, aber auch asbesthaltige Hartfaserplatten sowie dünne und harte Asbestzementplatten.

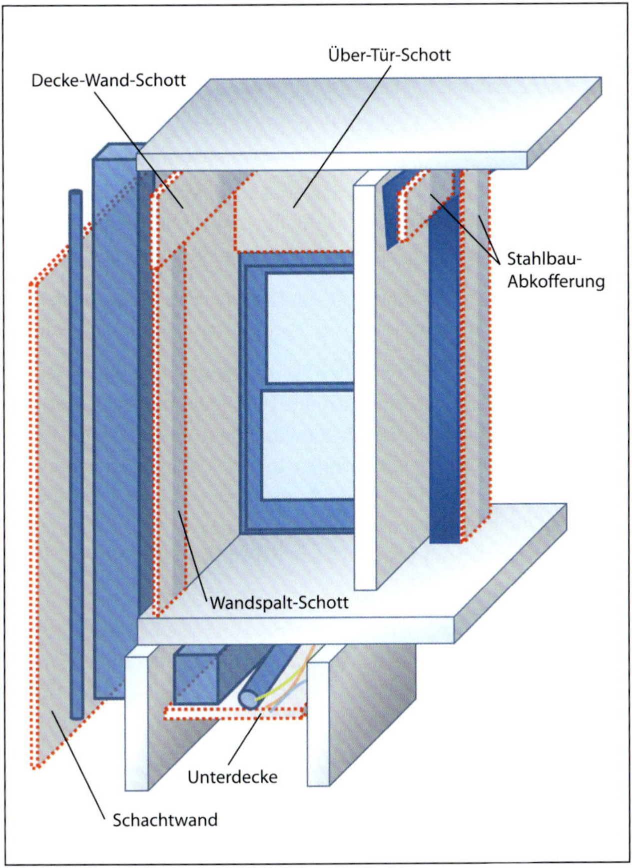

Abb. 1.16: Asbest – Plattenschotten

Schotten an Durchbrüchen

Die Asbestschotten finden sich an Durchbrüchen aller raumbegrenzenden Bauteile. Zwischen der durchgeführten Installation und dem verwendeten Asbestprodukt besteht dabei kein zwingender Zusammenhang.

Asbestschnüre in Hüllrohren sind oft unter der davor liegenden Rohrisolierung verborgen, die deshalb bei der Inspektion entsprechend tief von der Wand weg geöffnet werden müssen.

Für Spritzasbest wurde ggf. ein Drahtnetz als Träger eingespannt.

Leichte asbesthaltige Platten, Spritzasbest, asbesthaltige Mörtel, Wurfmassen, Asbestschnüre oder Asbestfaserschaumstoff konnten allein, aber auch kombiniert auftreten. Eine besondere Anwendung insbesondere in der Telekommunikation waren die Brandschutzkissen aus Asbesttextil, die reversibel in Durchbrüche eingelegt werden konnten. Die Laibung von Durchbrüchen wurde auch aus Asbestbeton als verlorene Schalung eingesetzt.

Schotten aus asbestfreiem Material können einerseits innen verborgene Reste alter Asbestschotten enthalten, andererseits wurden auch außen sichtbare Reparaturflicken aus Asbestmaterial nachträglich eingesetzt.

Häufig finden sich asbesthaltige Brandschutzbeschichtungen mit höherer Schichtdicke (Coatings) auf Mineralwolleschotten.

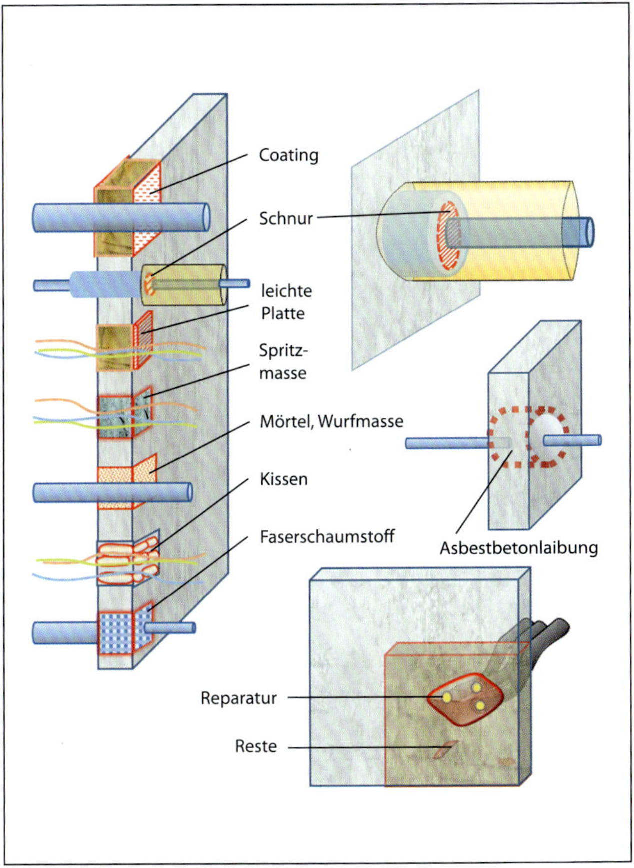

Abb. 1.17: Asbest – Schotten an Durchbrüchen

Fugenfüllungen

Fugen zwischen Bauteilen bzw. Stützen und Ausfachungen oder an Einbauteilen wurden insbesondere bei Brandschutzanforderungen mit unterschiedlichen asbesthaltigen Materialien, wie Asbestfaserschaumstoffplatten, hellen oder schwarzen bzw. elastischen oder harten (Kitt) asbesthaltigen Fugenmassen, Asbestschnüren, Platten, gefüllten Profilen, Spritzasbest oder asbesthaltigem Mörtel, gefüllt.

Asbesthaltige Brandschutzschürzen wurden vor allem in Bergsenkungsgebieten eingesetzt. Die Asbestfaserschaumstoffplatten mit und ohne Aluminiumkaschierung wurden gefaltet eingeschoben und spreizten sich dann fest.

Brandschutzschnüre aus Asbest liegen teils nur seitlich vor, teilweise auch zusätzlich oben. Zudem wurden sie nur einseitig oder vorn und hinten in die Anschlussfugen eingelegt und sie sind überwiegend durch Vermörtelungen verdeckt.

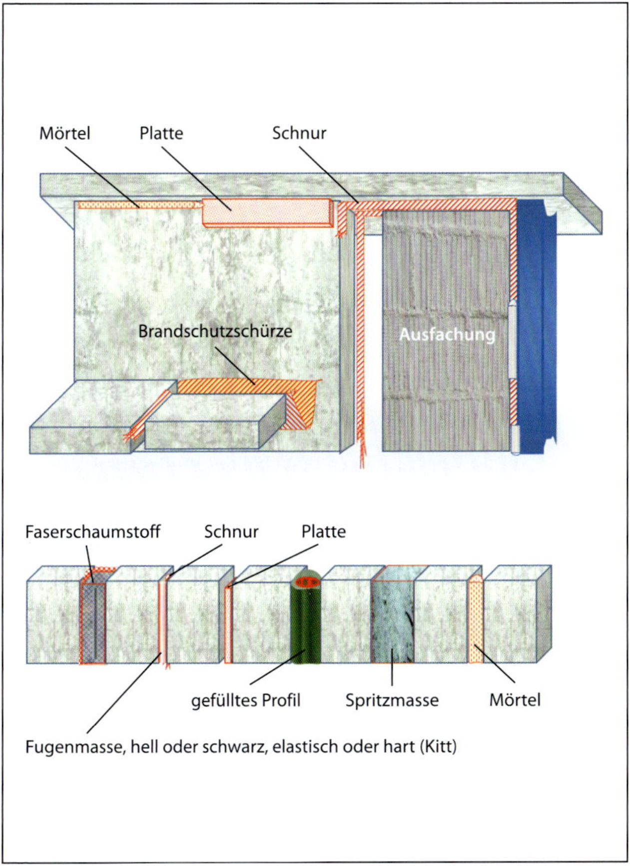

Abb. 1.18: Asbest – Fugenfüllungen

1.4.6 Baustoffmassen

Spachtelmassen

Spachtelmassen mit Asbest wurden verwendet

- vom Trockenbauer als Füll- und Glättspachtel,
- vom Maler als Flächen- und Nivellierspachtel für Wände bzw. Wandfriese, Unterdecken, Laibungen (Fenster, Türen, Stürze), Heizkörpernischen, Fliesenspiegel-Anspachtelungen und Reparaturen,
- vom Türen- und Fensterbauer zur Montage der Rahmen,
- vom Elektriker für Dosensetzungen und Kabelschlitze sowie
- vom Bodenverleger für die Bodengrundierungen und -nivellierungen.

Jede dieser Verwendungen muss bei der Probenahme getrennt betrachtet werden.

Zwischendecken geben oft direkte Wandansichten preis, Tapeten müssen ggf. abgezogen werden. Im Streiflicht werden aber die Stoßfugen-Verspachtelungen von Gipskartonplatten deutlich; verspachtelte Montageschrauben können teilweise mit dem Magneten erkannt werden.

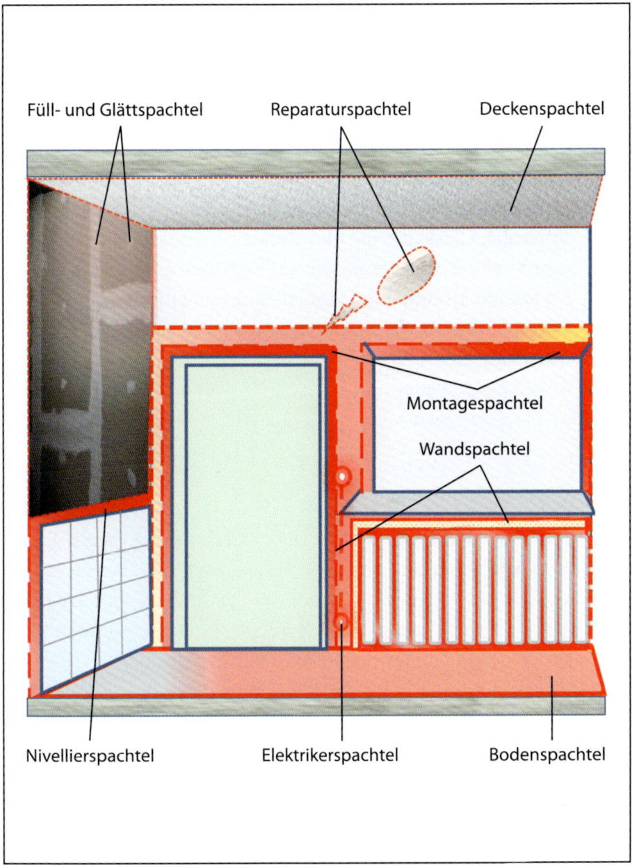

Abb. 1.19: Asbest – Spachtelmassen

Dünnbettmassen

Bei mineralischen Klebern und Dünnbettmörteln wurden durch Zugabe von Asbest und dessen Begleitgesteinsmehlen die Anmach- und Fließeigenschaften verbessert. Die aktuell viel diskutierten asbesthaltigen Putze, Spachtel und Fliesenkleber (PSF) finden hier im materialtechnischen Sinne ihre Fortsetzung durch asbesthaltige Dünnbettmörtel für Gasbetonsteine, Glasbausteine und ähnliche Wandaufbauten, durch asbesthaltige Nivelliermassen auf Estrichen oder Dielenlagen und durch asbesthaltige Muffenleime von Lüftungskanal-Formteilrohren, Wasserrohren oder Betonbau-Abstandshalter-Verschlüssen.

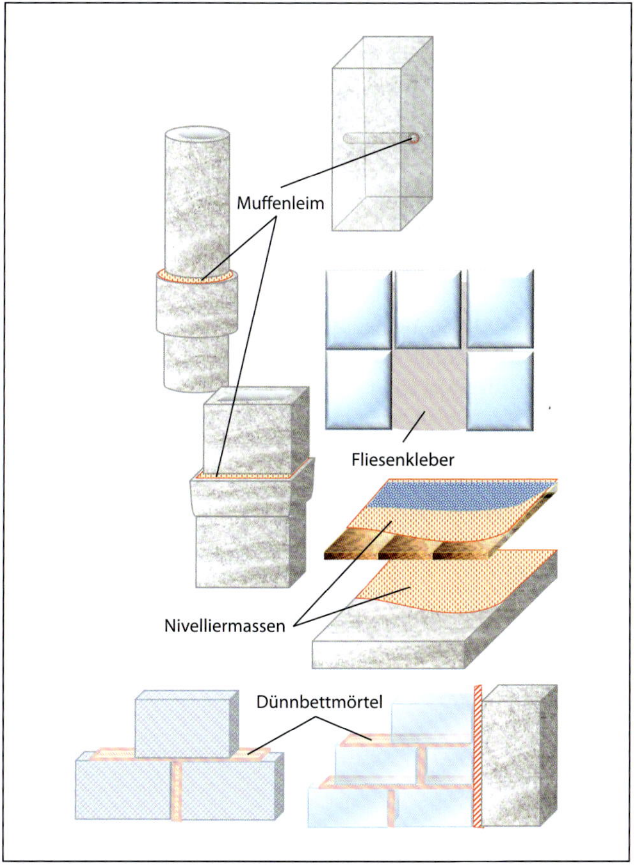

Abb. 1.20: Asbest – Dünnbettmassen

Reste bei Spritzmassen

Bei Isolierungen mit Spritzasbest wurde durch den breiten Spritzkegel im Hintergrund der Objekte ein sog. Overspray verursacht, der sich noch in Entfernungen von mehr als 2 m in Form einzelner Spritzer ablagerte (Spritzschatten). Diese Spritzer sind oft unter einem Anstrich als Faserspitzen oder Buckel erkennbar.

Zudem wurden die Spritzmaschinen nach den Arbeitsgängen in abseitige Baubereiche leergespritzt.

Bei den KMF-Spritzmassen gab es Mischungen mit Spritzasbest. Außerdem kamen bei Spritz-KMF-Isolierungen Reste von Spritzasbest aus der gemeinsamen Nutzung der Maschinen (Maschinenkontamination) oder aus einem früheren Spritzgang (Altbestand) vor. „Flicken" aus Spritzasbest auf KMF wurden angewendet, wenn die etwas empfindlicheren KMF-Spritzmassen Schäden oder Lücken aufwiesen. Durch spätere Reparaturmaßnahmen konnte zudem asbesthaltiges Brandschutzcoating aufgetragen worden sein.

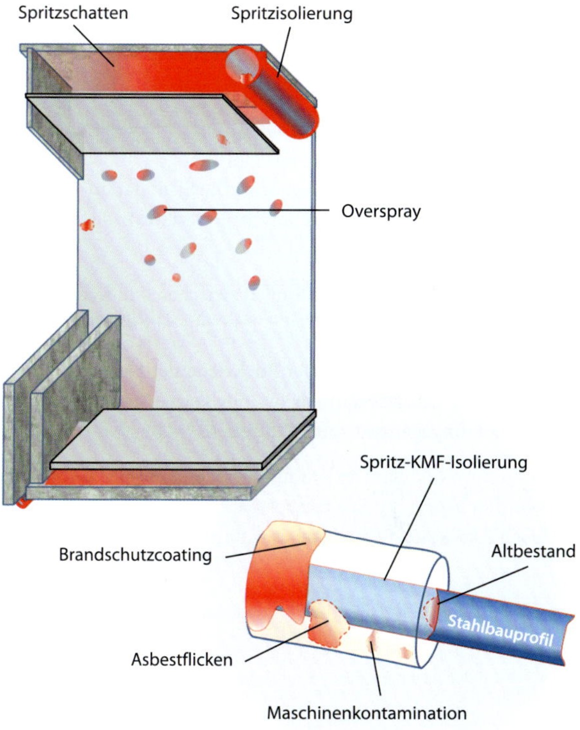

Abb. 1.21: Asbest – Reste bei Spritzmassen

1.4.7 Heizungsnischen und Heizungen

Heizungsnischen

Asbesthaltige Pappen unter Betonfensterbänken wurden als „verlorene" Schalung eingesetzt.

Heizkörperblenden können aus Asbestzementplatten bestehen, die Verblendungen aus Holz können mit einer Asbestpappe oder -platte hinterlegt sein. Die Sicht darauf wird oft durch eine Lattenkonstruktion behindert, trotz des Einsatzes von Spiegeln.

Asbesthaltige Flanschdichtungen zwischen den Radiatorlamellen sind von außen vielfach nicht erkennbar.

Asbesthaltige Pappen an der Rückwand der Heizkörpernischen sind nur gelegentlich zu finden, asbesthaltiger Spachtel ist dort hingegen sehr oft anzutreffen.

Asbestprodukte in Deckendurchbrüchen für Heizungsrohre wurden häufig mit Spritzasbestpackungen abgeschottet, aber auch Asbestmörtel und Asbestschnüre waren verbreitet.

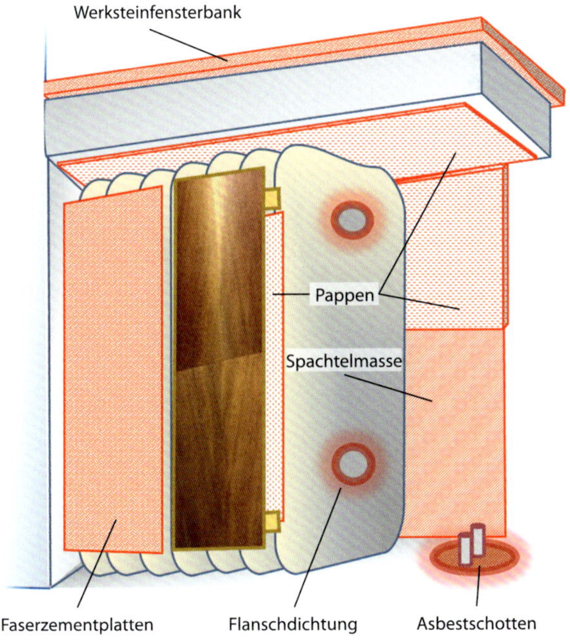

Abb. 1.22: Asbest – Heizungsnischen

Nachtspeicherheizungen und Radiatoren

Elektronachtspeicherheizgeräte wurden vor 1984 (siehe Typenschild) oft mit asbesthaltigen Bauteilen ausgestattet, darunter asbesthaltige Pappen, Stopfungen (Stopfschnüre/-wolle), Tragsteine und Asbestzement-Werksteinplatten.

Die Holzsitzbänke über niedrigen Radiatoren wurden vielfach mit asbesthaltigen Pappen geschützt.

In den Radiatorgräben vor bodentiefen Fenstern dienten asbesthaltige Platten als Leitplatten der Thermik.

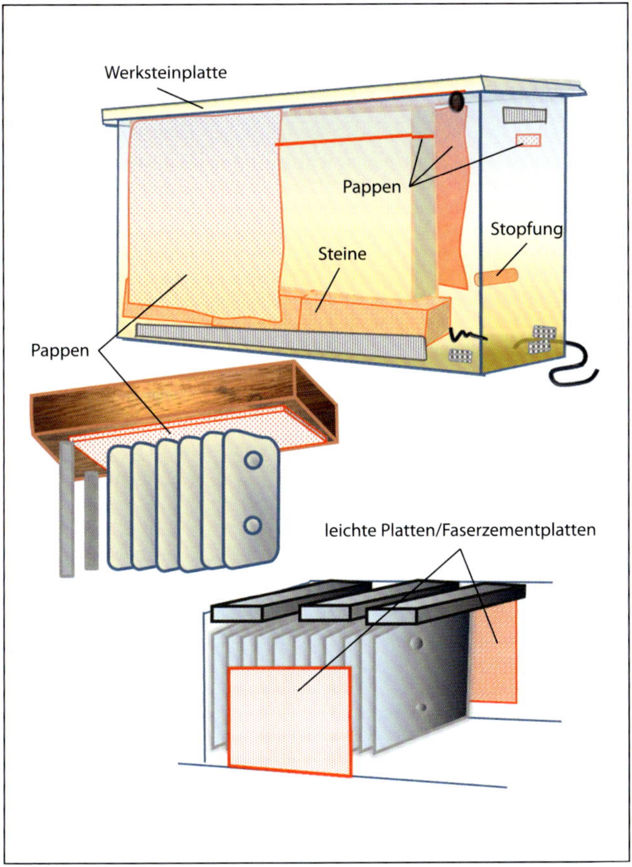

Abb. 1.23: Asbest – Nachtspeicherheizungen und Radiatoren

1.4.8 Technische Anlagen

Lüftungskanäle

Lüftungskanäle können selbstständig aus leichten asbesthaltigen Platten bestehen oder nur damit bekleidet sein. Sandwichplatten mit Asbestzement wurden ebenfalls verwendet.

Asbestzementplatten und asbesthaltige Holzfaserplatten wurden entweder verloren doppellagig auf einer inneren Holzkonstruktion oder demontierbar mit Blechprofilen als Außenkonstruktion eingesetzt.

Brandschutzcoatings auf Blechkanälen enthielten oft Asbest. Spritzasbest wurde auch als Wärmeisolierung an Zuluftkanälen aufgetragen.

Als Dichtung der Blechkanalsegmente wurden u. a. Chrysotilasbestschnüre, asbesthaltige Fugenmassen und Kitte verwendet.

Die Kompensatorgewebe können zwar Baumwolle in der Kette (Längsfäden), aber Asbest im Schuss (Querfäden) aufweisen. Bei der Probenahme müssen daher beide erfasst werden. Es wurden aber auch Mischfaserfäden aus asbesthaltigen und asbestfreien Materialien hergestellt.

Dübel mit Asbestschnüren ergänzten die Brandschutzsysteme.

Im Kanalinneren findet sich oft Asbestfaserstaub.

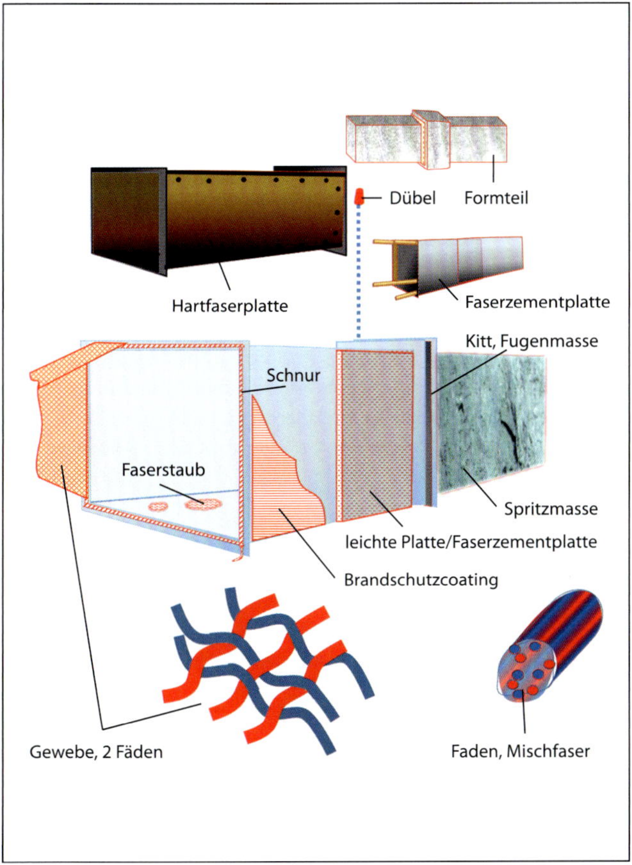

Abb. 1.24: Asbest – Lüftungskanäle

Brandschutzklappen

Die Brandschutzklappen wurden rechteckig oder rund hergestellt. Eine Inspektion der inneren Klappenkästen über die Revisionsöffnung ist notwendig, da die Klappenblätter aus leichten asbesthaltigen Platten und die Anschlagdichtungen aus Asbestfaserschaumstoff oft stärkere Beschädigungen aufweisen.

Leichte asbesthaltige Platten sind auch in der Einbaumaske und im Bereich der Auslösung zu finden. Asbesthaltige Schnüre an der Klappenachse sind nicht sehr häufig.

Mineralwolle mit einem Asbestcoating, Spritzasbest, asbesthaltige Schnüre oder leichte asbesthaltige Platten sind die typischen Schottungsmaterialien der Durchbrüche. Bis zum Wand- oder Deckendurchbruch wurden häufig Abkofferungen eingesetzt.

Auf den Innenseiten der Klappenkästen und der Kanäle findet sich oft Asbestfaserstaub.

Der Gesamtverband Schadstoffsanierung beabsichtigt, eine Leitlinie zu Brandschutzklappen mit einer Auflistung aller bekannten asbesthaltigen Fabrikate zu veröffentlichen.

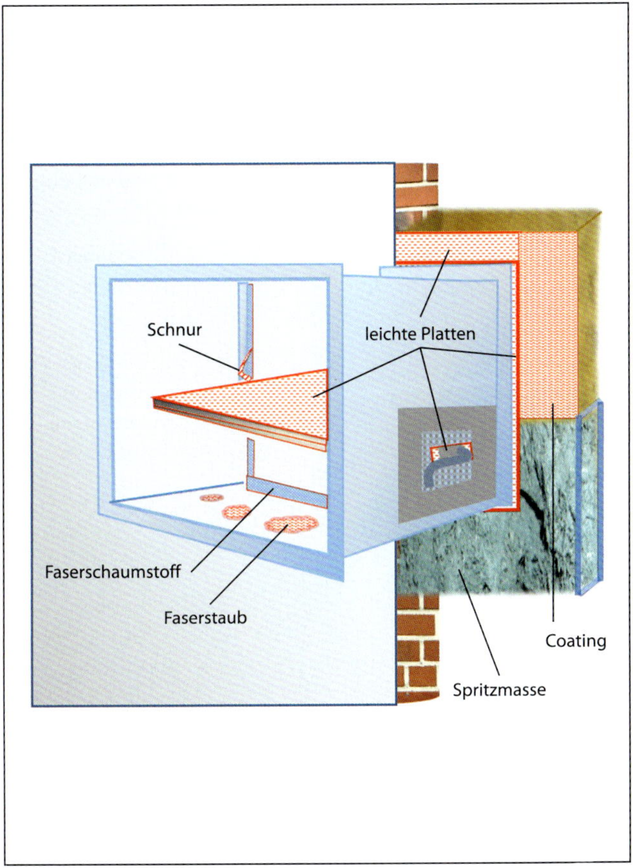

Abb. 1.25: Asbest – Brandschutzklappen

Bauteile in Funktionsgebäuden

Funktionsgebäude, wie Werkstätten, Küchen, Sportstätten, Verkaufsstätten, Kliniken, Silos, Heiz-/Kraftwerke, Labore, Garagen, Ställe oder Zoogebäude weisen neben den üblichen Belastungsbildern durch ihre besonderen Funktionen und Beanspruchungen ungewöhnliche Anwendungen asbesthaltiger Materialien auf. Auch die Übersicht in Abb. 1.28 zeigt dazu Beispiele.

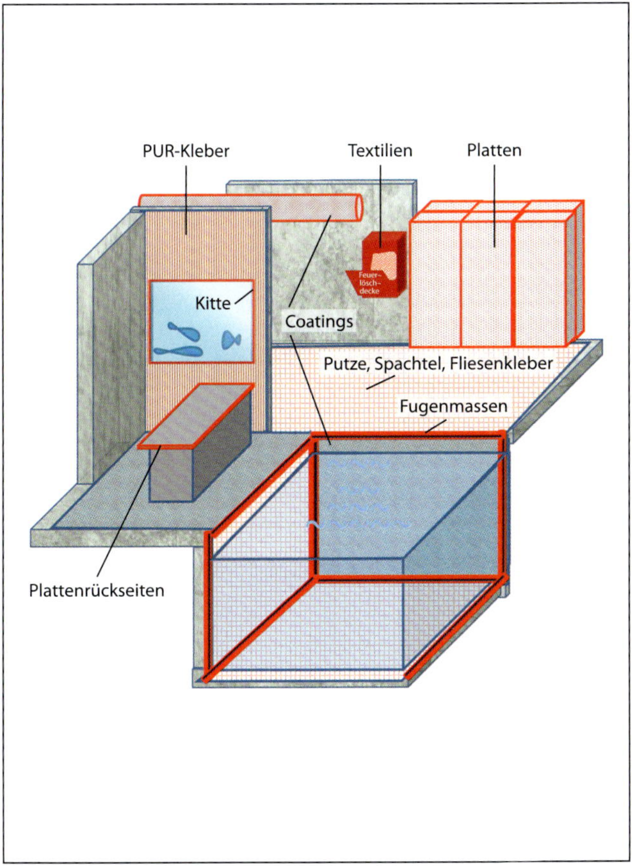

Abb. 1.26: Asbest – Bauteile in Funktionsgebäuden

Technische Anlagen

In technischen Anlagen von Gebäuden und mehr noch in industriellen Anlagen sind häufig handwerklich erstellte Einzellösungen zu finden, bei denen Asbest verarbeitet wurde.

Isoliermäntel für Tanks oder Rohrleitungen oder Durchbruchschotten können leichte asbesthaltige Mörtel bzw. Lehmmassen enthalten, gelegentlich auch Spritzasbest, Asbestwolle oder asbesthaltige Schnüre.

Asbesthaltige Kitte und Ölspachtel wurden für Bleche und elektrische Anlagen verwendet. Asbestplatten bildeten Schotten, Installationskanäle und Schaltkästen aus oder dienten als Elektromontageplatten. Abwechselnd mit asbesthaltigen Pappen unterfütterten sie elektrische Leitungen oder wurden als Mantelfutter von Blechgehäusen eingesetzt.

Abwasserrohre bestehen häufig aus Asbestzement. Zudem finden sich an Wänden und Böden asbesthaltige Industriebeläge und -beschichtungen.

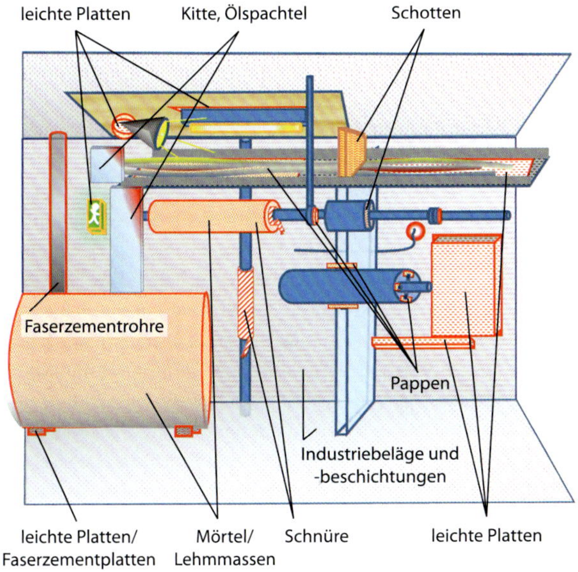

Abb. 1.27: Asbest – technische Anlagen

Technische Aggregate

Notstrommotoren, Zentralheizungen oder Pumpwerke für heiße Medien enthalten oft Asbestprodukte, die offen oder verdeckt eingebaut wurden. Auch alte Aggregate wurden mit asbesthaltigen Produkten nachgerüstet. Die verwendeten Asbestprodukte variieren stark, leichte und harte Mörtel, Gewebe und Schnüre, Pappen und Platten sowie Anstriche bilden dabei die Schwerpunkte.

Im Vorrat der technischen Werkstätten befanden sich asbesthaltige Brems- oder Kupplungsbeläge (Reibbeläge) sowie Dichtungsplatten für Zuschnitte und fertige Dichtungen. Hinzu kamen asbesthaltige Schutzpappen für Schweißer. Kitte mit weißem und blauem Asbest für heiße Bauteile, Weichgummi, Fugen, Bleche oder Elektronik sowie asbesthaltige Harz- und Ölspachtel befanden sich in Dosen. Asbesthaltige Schamotten wurden als Sackware oder als feuerfeste Steine im Stück gehandelt. Asbestanzüge und asbesthaltige Stopfschnüre lagen in den technischen Werkstätten offen herum, asbesthaltige Feuerlöschdecken befanden sich in den typischen roten Kästen an der Wand. Asbestfasern wurden zum Einrühren in Massen, wie Lehmschläge, Mörtel oder Epoxidharzfarben, als Sackware verkauft.

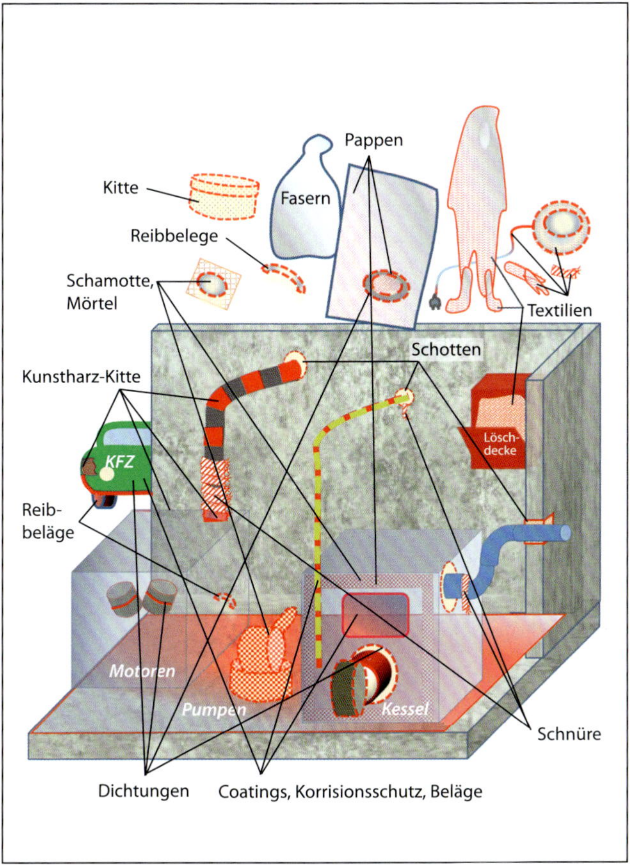

Abb. 1.28: Asbest – technische Aggregate

1.4.9 Weitere Anlagen

Außenbereiche

Asbestzementplatten, -schindeln und -Wellplatten sind die häufigsten Asbestverwendungen im Außenbereich. Dächer, Fassaden und Grundmauern können damit bekleidet sein.

Asbesthaltige Farben und Spachtel kommen häufig an Fassaden vor, Asbestbeton an Fenster- und Türlaibungen.

Rohrleitungen für die öffentliche Trinkwasserversorgung oder für das Abwasser bestehen oft aus einem Asbestbeton. Auch der Muffenkitt von Asbestzementrohren und von Steingutrohren kann asbesthaltig sein.

Asbestzementformteile, wie Blumenkübel, finden sich in Anlagen und auf Balkonen.

Erdtanks wurden auch mit Spritzasbest, asbesthaltigen Mörteln oder Pappen ummantelt sowie mit asbesthaltigen Beschichtungen versehen.

In Deponien und Altablagerungen kann Bauschutt mit Asbest vorliegen.

Der Straßenbau verwendete Asbest in verschleißfesten Asphalten und in Betonplatten. Die Trennfugen enthielten Asbestzementplatten, die Markierungen asbesthaltige Coatings. Straßenschotter bestimmter Herkunft enthält geogenen Asbest. Lärmschutzwände haben Dichtungen und Dämmungen mit Asbest.

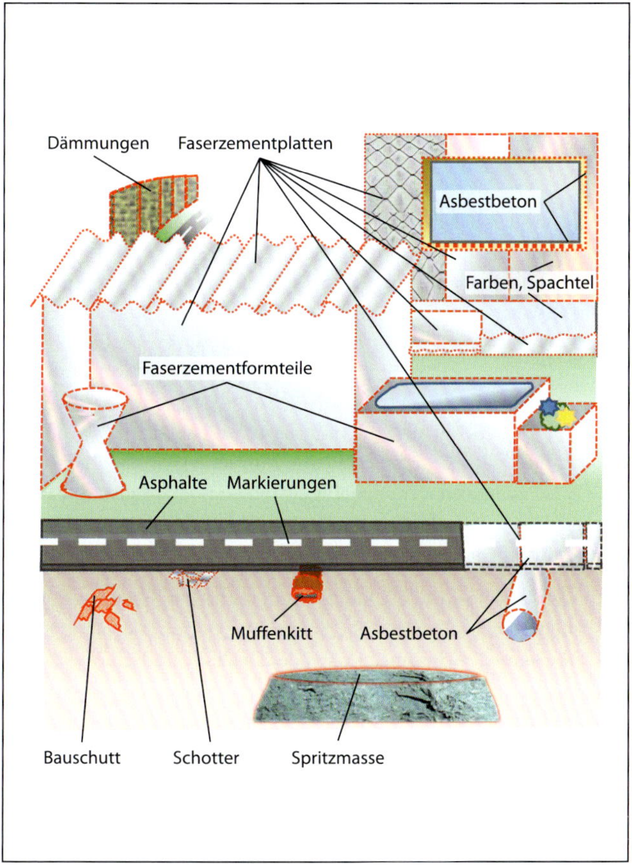

Abb. 1.29: Asbest – Außenbereiche

Fundstellen in Aufzügen

Asbesthaltige Materialien wurden vielfach in der Aufzugtechnik und der Baukonstruktion der Aufzugschächte eingesetzt:

- Bremsen mit asbesthaltigen Bremsbelägen,
- elektrische Anlagen mit Asbestmaterialien, wie Montageplatten, Gehäusewandplatten, Isolatormassen an Schaltern und Spulen, Drehstromkontrollern und Widerständen, Drahtummantelungscoatings,
- Kabinenbauteile, insbesondere in Feuerwehraufzügen, mit Asbestmaterialien, wie Wand-, Boden-, Deckenplatten und Beläge, Auskleidungen und Einlagen sowie Pappen als Einlagen in Elektrodosen,
- Portalverkleidungen sowie Schacht- und Fahrkorbtüren mit asbesthaltigen Platten und asbesthaltigen Pappen sowie asbesthaltige Dichtmassen und Mörtelmassen als Einlagen, Dichtmassen, Pappen und Schnüre als Glasfugen und Mörtel und Spachtel als Zargeneinspachtelung.

Die Baukonstruktion (Aufzugschacht, Triebwerksraum, Kellersumpf) wurde mit Spritzasbest, leichten asbesthaltigen Platten, Asbestzementplatten, Mörtelmassen und allen anderen bekannten Asbestmaterialien der Gebäude, insbesondere an den Zugangstüren und -klappen, den Wand- und Deckendurchbrüchen mitsamt ihren Fugenabdeckungen und -abdichtungen, den Installationsdurchleitungskanälen und Trägerverkleidungen sowie als Wandverkleidungen bzw. selbstständige Wände, ausgestattet.

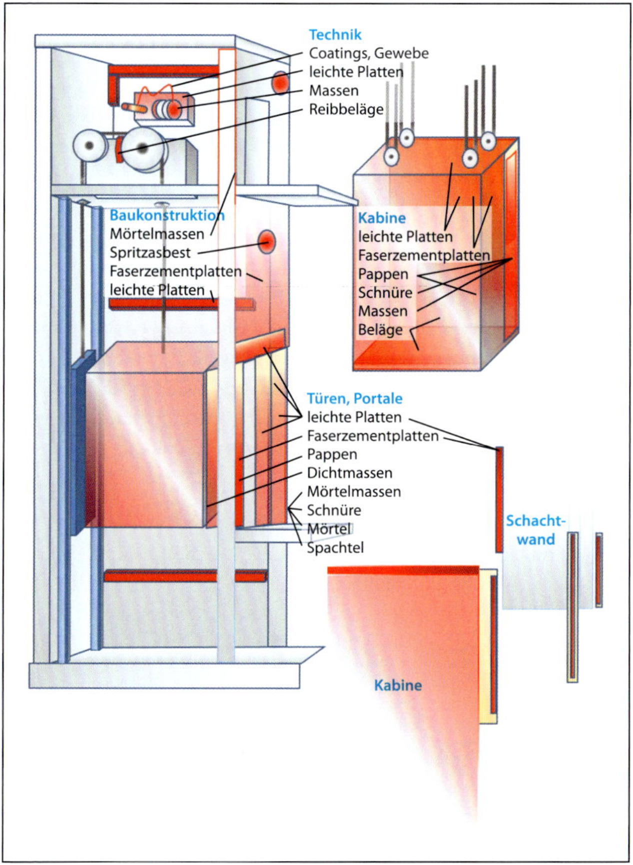

Abb. 1.30: Asbest – Fundstellen in Aufzügen

Fundstellen auf Schiffen

Auf Schiffen werden in den obligatorischen Katastern über Gefahrstoffe auch asbesthaltige Materialien erfasst. Als technische Anlagen weisen Schiffe ähnliche Belastungen wie Industrieanlagen, Züge oder die Gebäudetechnik auf. Materialien mit Asbest wurden in Türen, Mann- und Handlöchern, Schottwänden und -decken, Brems- oder Kupplungsbelägen (Reibbelägen) sowie in den zahlreichen Stopfbuchspackungen als Mörtel, Spritzasbest, leichte asbesthaltige Platten, Pappen oder Textilien eingesetzt. Ebenso sind die elektrischen Anlagen mit asbesthaltigen Pappen oder Kitten ausgestattet. Schutzanzüge und Feuerlöschdecken können aus Asbesttextilien bestehen, im Fundus bestehen die Schutzpappen für Schweißarbeiten aus Asbest. Insbesondere Farbbeschichtungen können bis ins zweite Jahrtausend asbesthaltig sein, da Asbest nicht weltweit geächtet wurde.

Aufgrund der vielfältigen Verwendungen von Asbest an Bord sind bei der gezielten Probenahme die Asbestprodukte, das technische Detail, die Bauart und das Baujahr für ein Verdachtsmoment zu beachten. Mindestens 2 Stichproben je Merkmal, jedoch bei unklaren Kriterien deutlich mehr, sind für eine repräsentative Analyse notwendig.

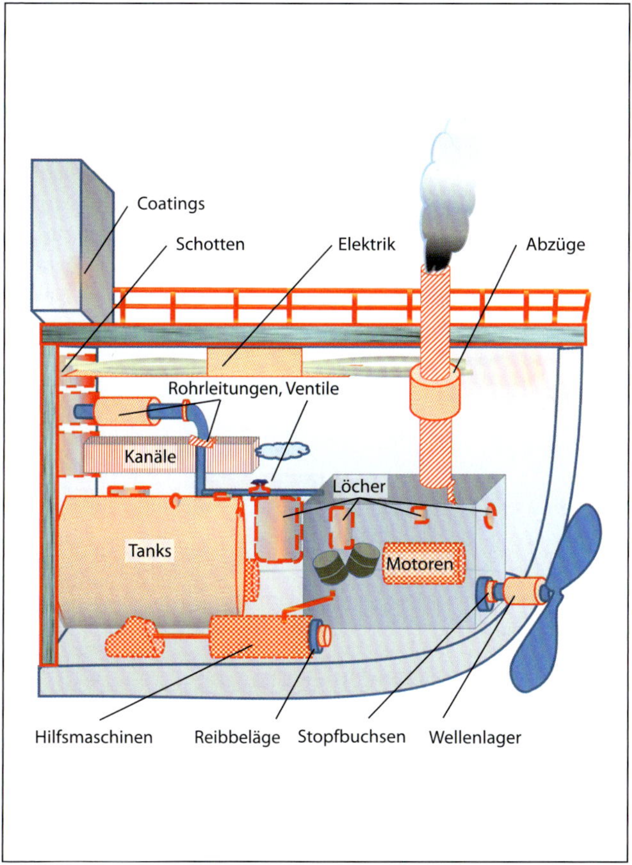

Abb. 1.31: Asbest – Fundstellen auf Schiffen

2 Künstliche Mineralfasern (KMF)

Bauprodukte

Künstliche Mineralfasern (KMF) ersetzen in vielen Details die Asbestfasern und werden bei deren Suche mit erfasst. Insbesondere Dachdichtungsbahnen, u. a. Teer- und Bitumenprodukte, enthalten oft KMF neben oder unabhängig von Asbestbelastungen.

Ob KMF-Bauprodukte im Innenraum nach dem Stand der Technik in dichten Bauteilen oder mit einer intakten Kaschierung vorliegen, sollte mit erfasst werden.

KMF-Spritzmassen können weißen Asbest enthalten, der schwerer von den KMF unterscheidbar ist. Auch sind asbesthaltige Reparaturflicken in KMF-Spritzmassen und Vermischungen mit Asbest aus der Vornutzung der Spritzmaschinen sind möglich (siehe Kapitel 1.4.6 „Reste bei Spritzmassen").

KMF können anhand ihrer gröberen Einzelfaserstruktur überwiegend ausreichend visuell von Asbest unterschieden werden, sodass nur bei feinen Fasern und Faserverbundstoffen eine laboranalytische Bestimmung auf Asbest angezeigt ist. KMF werden in neue und alte Mineralwollen unterschieden. Die Einteilung erfolgt nach Datenlage, ersatzweise mit Laboranalysen. Diese sind aber oft nicht zielführend. Es werden gewöhnlich je nach Dichte Proben von 0,3 bis 0,5 l benötigt.

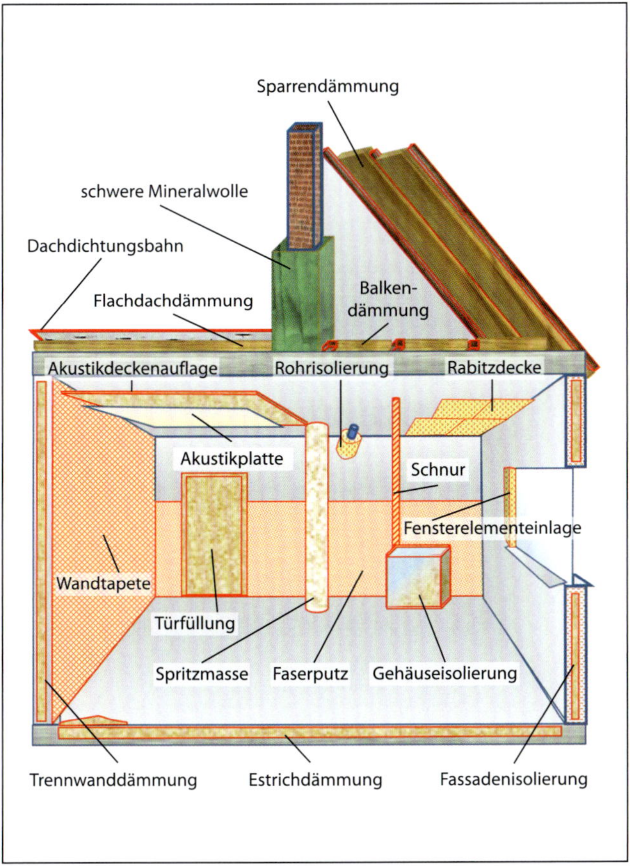

Abb. 2.1: KMF – Bauprodukte

Aufbau von Dämmschichten

Lüftungskanäle können innen so wie außen mit KMF isoliert worden sein, zur Wärmedämmung ggf. nur die Zuluftkanäle.

Insbesondere gemauerte Lüftungsschächte in Böden wurden innen mit KMF isoliert, teilweise mit einem Drahtnetz als innerem Gerüst. Zur Schalldämmung liegen KMF-Dämmungen auch nur im Bereich der Auslässe vor.

Die KMF-Dämmstoffe wurden in verschiedenen Tiefen der Fassaden angebracht (innen, im Kern und vor der Vorhangschale), zum Teil auch durch nachträglichen Einbau bedingt.

Sie können von Luftschichten getrennt sein oder im direkten Kontakt mit den Bauteilen vorliegen. Oft sind Kernbohrungen zur Erfassung notwendig.

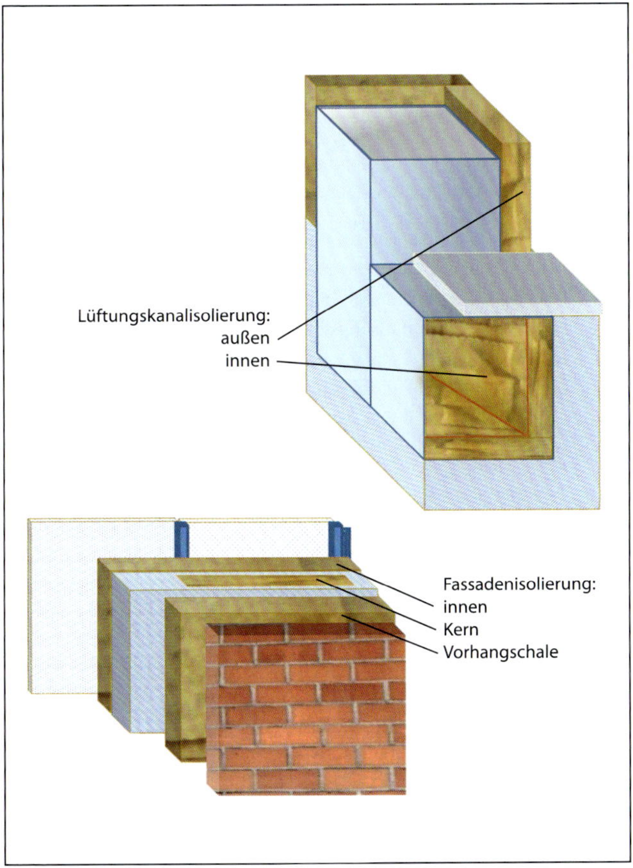

Abb. 2.2: KMF – Aufbau von Dämmschichten

3 Polychlorierte Biphenyle (PCB)

Primäre und sekundäre Belastungen

Polychlorierte Biphenyle (PCB) sind ein Gemisch aus – je nach Chlorierungsgrad – schwer flüchtigen bzw. sehr schwer flüchtigen Verbindungen (sog. Kongenere). Sie sind schlecht abbaubar, gasen in geringen, aber relevanten Mengen in die Raumluft aus und schlagen sich danach als sekundäre Belastungen auf den Materialien im Raum nieder.

PCB sind ein schwer entflammbares Öl, das als Weichmacher in Kunststoffen, wie Fugenmassen und weichen Matten, als Dielektrikum in elektrischen Apparaten, wie Kondensatoren und Transformatoren, sowie als Träger von Wirkstoffen im Holzschutz bzw. als Trennmittel im Beton-Schalungsbau eingesetzt wurde (primäre Belastungen).

PCB sind fast geruchlos. Als typisch empfundene Gerüche entstehen oft durch Begleitsubstanzen, die nicht spezifisch sind.

In Abb. 3.1 sind die primären PCB-Belastungen in Rot, die sekundären in Gelb dargestellt. Da viele Materialien sowohl primäre als auch sekundäre Belastungen aufweisen können, gehen die Farben ineinander über.

Chlorparaffine als Ersatzstoff für PCB sind wenig beachtet, werden aber dennoch in weitaus größerem Maße als PCB eingesetzt. In Form der kurzkettigen Verbindungen (SCCP) sind sie als „möglicherweise krebserzeugend“ (Kanzerogenität Kategorie 2) eingestuft. SCCP werden zwar nicht mehr eingesetzt, aber die noch verwendeten mittel- und langkettigen Chlorparaffine (MCCP, LCCP) wurden bisher lediglich noch nicht überprüft. Die Chlorparaffine müssen aber spätestens beim Abbruch als organisches Chlor (gefährlicher Abfall) betrachtet werden.

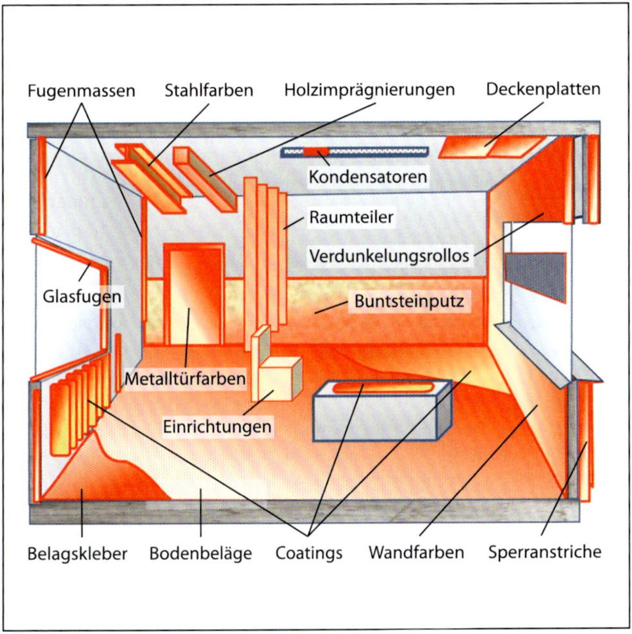

Abb. 3.1: PCB – primäre und sekundäre Belastungen im Gebäude

PCB-Fundstellen können mit einer Klinge beprobt werden (dabei Handschuhe tragen), wenn gut 2 g Material entnommen werden können. Liegen hingegen, wie z. B. bei Farbbeschichtungen von Brandschutztüren, nur dünne Schichten vor, sollte eine mindestens 10 cm × 10 cm große Fläche der Beschichtung im Stemmverfahren nach DGUV 201-012 Ergänzung BT 32 „Stemmverfahren" (2012) mit dem Stechbeitel in einen Schleusenbeutel abgezogen werden (siehe Abb. 1.3).

Durch serielle Mischprobenanalysen innerhalb gleicher Materialien kann die Belastung grundsätzlich erfasst werden. Zur Auswahl der Raumluftprobenahmeorte und der Folgemaßnahmen ist auch die Analyse von Einzelproben mit Prüfung der jeweiligen Kongenerenverteilung notwendig.

Fugenmassen an Fassaden

Durch die vielfältigen Details und den oft verdeckten Einbau („verlorene Fugen") sind die Fugenmassen an Fassaden schwer erkennbar. Auch die tiefer liegenden sekundären Belastungen durch direkten Kontakt oder durch im Fugenspaltverlauf erhöhte sekundäre Belastungen sind oft erst nach Demontage der Bauteile erfassbar. Erste Hinweise darauf geben Analysen der Zwischenraumluft.

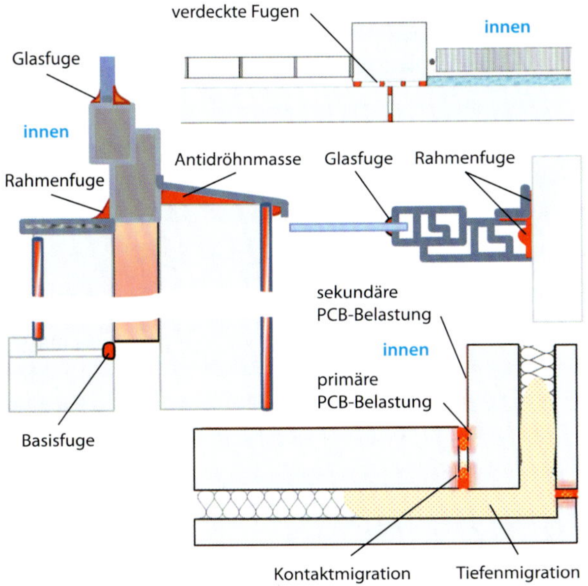

Abb. 3.2: PCB – Fugenmassen an Fassaden

Sekundäre Tiefenbelastung

Insbesondere die flüchtigen Kongenere der PCB dringen über die Jahre hinweg sehr tief in die Bauteile ein und beeinflussen die Raumluftkonzentration hartnäckig. Dabei haben Luftwegbarkeiten in hohlen Bauteilen einen großen Einfluss. Die Höhe der sekundären PCB-Konzentration ist bei dieser flächigen Verteilung nicht mehr entscheidend.

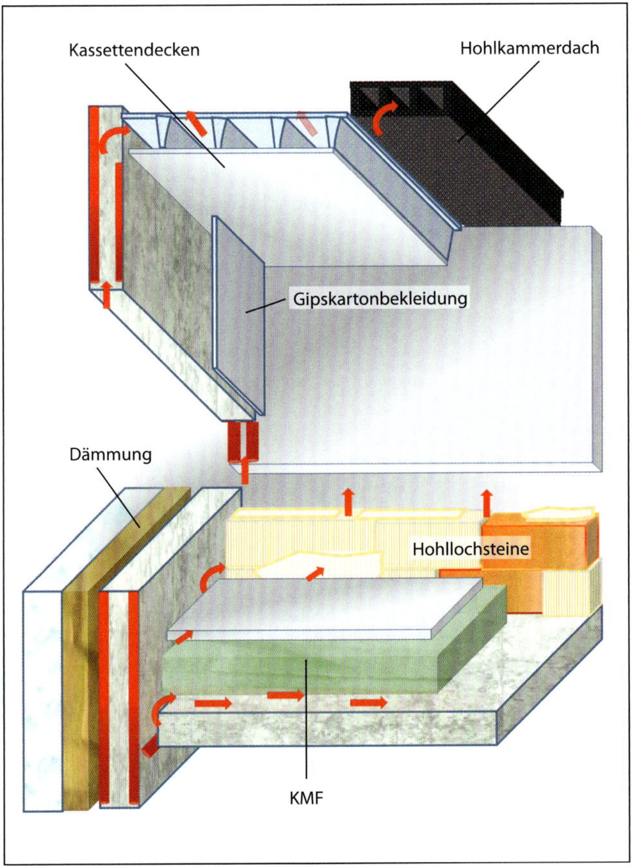

Abb. 3.3: PCB – sekundäre Tiefenbelastung

4 Polycyclische aromatische Kohlenwasserstoffe (PAK)

Polycyclische aromatische Kohlenwasserstoffe (PAK) sind eine große Gruppe von Einzelsubstanzen. Sie finden sich in vielfältigen Bauprodukten und gehen überwiegend aus Teerprodukten aus der Steinkohleverkokung bzw. schon vor der Steinkohlegewinnung aus der Holzverkokung hervor. Auch durch eine Versottung des Kamins kann PAK-haltiger Teer in Innenräume gelangen. Bitumenprodukte werden hingegen aus der Aufbereitung von Erdöl gewonnen. Sie können, ebenso wie bestimmte Kunststoffe, PAK in deutlich geringeren Mengen enthalten. Teer- und Bitumenprodukte sind vorwiegend schwarz gefärbt und haben bei Anwesenheit der ausgasenden PAK-Substanzgruppe Naphthaline deren typischen Geruch. Naphthaline kommen aber auch in hellen Produkten vor (z. B. in Mottenkugeln).

PAK-Proben können mit der Klinge ausgeschnitten werden (dabei Handschuhe tragen). Für die Erfassung des Hausstaubes sind Staubsaugerproben von frischem Staub (1 Woche alt) unter Vermeidung der Fugen (Sammelfilter mit Düse) geeignet.

Naphthaline werden als ausgasende Substanzen mit Röhrchen aus der Raumluft gesammelt, in denen sie sich am sog. XAD-Harz anlagern. Andere PAK werden auch auf PUR-Schäumen oder an Adsorbtionsröhrchen mit der Staubfraktion der Raumluft gesammelt.

Innenräume

PAK-haltige Dichtungsbahnen, Teermassen und teerbasierte Anstriche liegen häufig gemischt vor. Alte PAK-haltige Isolierungen sind mitunter durch Fliesen, Steinplatten und andere Fußbodenaufbauten sowie durch Wandbeläge verdeckt.

Getränkte PAK-haltige Papiere als Kabelisolierung lagen z. B. in alten Elektro-Metallrohrleitungen und rund um die Kabel sowie in Wänden und Estrichen vor.

Auch Stampffliesen, Kitte, Fugenmassen, Teerkork, Gummiprodukte sowie Holzschutz- und Desinfektionsmittel können PAK enthalten.

PAK-haltige Teerkleber wurden sowohl für Stab- als auch für Hirnholzparkette verwendet und liegen auch bei PVC-Bahnen und Floor-Flex-Platten vor.

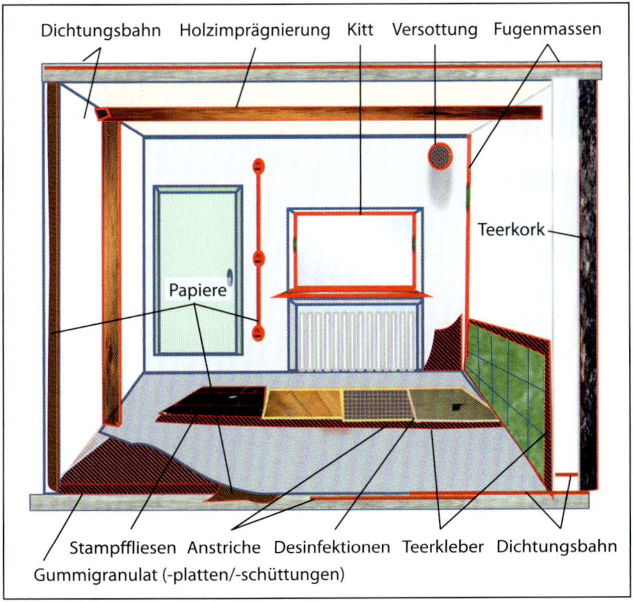

Abb. 4.1: PAK – Innenräume

Erdberührte Bauteile

PAK-haltige Vertikal- und Horizontalsperren, also Perimeterdämmungen, Wandsperren und Grundsperren, bilden bei den erdberührten Bauteilen ein System gegen Grundfeuchte und Oberflächenwasser. Sie wurden mitunter in schwierigen Fällen der Abdichtung durch eine Teerölinjektion ergänzt.

Alle weiteren Erdbauwerke, wie Rohre, Kanäle und Erdtanks, sind ebenfalls für PAK-haltige Isolierungen typisch.

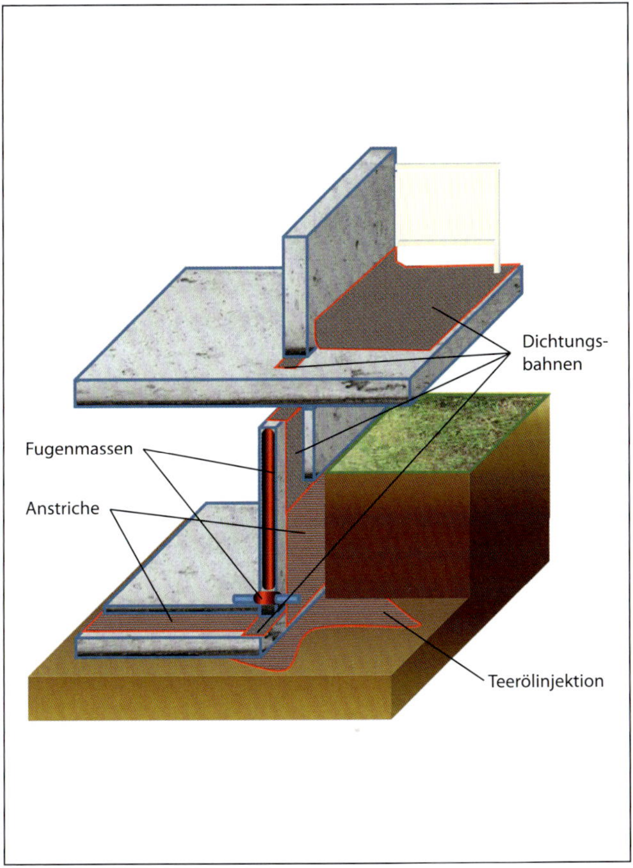

Abb. 4.2: PAK – erdberührte Bauteile

Dachbereiche

Teerhaltige Dachdichtungsbahnen sind über den klassischen Verwendungszweck auf Flachdächern und Steildächern hinaus auch als Unterspannbahn oder Wandisolierung eingesetzt worden. Auch PAK-haltige Dachdichtungsbahnschindeln wurden an schrägen und senkrechten Flächen verwendet.

PAK liegen aber auch in Teerkork (Kork mit Teerkleber) und Backkork (heiß extrudierter Kork) als Dachisolierungen vor.

Anstriche und Beschichtungen können ebenfalls PAK-haltige Teerprodukte sein, ebenso die Holzschutzmittel von Dachbalken und Roll-Bretterlagen im Dachtragwerk.

Haftanstriche für Isolierungen (z.B. Spritzmassen) enthielten PAK.

Auch im Dachbereich kommt die Kaminversottung zum Tragen.

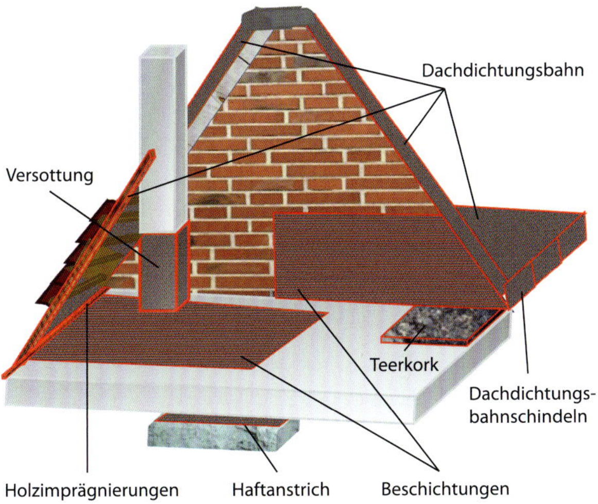

Abb. 4.3: PAK – Dachbereiche

Dachdichtungen

In der Dachhaut sind PAK-haltige Dachdichtungsbahnen aus Teerpappen durch den grundsätzlich mehrschichtigen Aufbau und regelmäßige Erneuerungs- und Reparaturmaßnahmen besonders vielschichtig vorhanden. Hinzu treten PAK-haltige Eckprofile und Bahnenkleber, Gussmassen als Flächenbeschichtung und als Fugenmasse sowie Isolieranstriche und Holzschutzmittel der Tragkonstruktion aus Holz. Auch PAK-haltiger Teerkork und Gussasphalt sind hier zu finden.

Insbesondere Anstriche und Gussmassen treten in die Kontaktmaterialien ein.

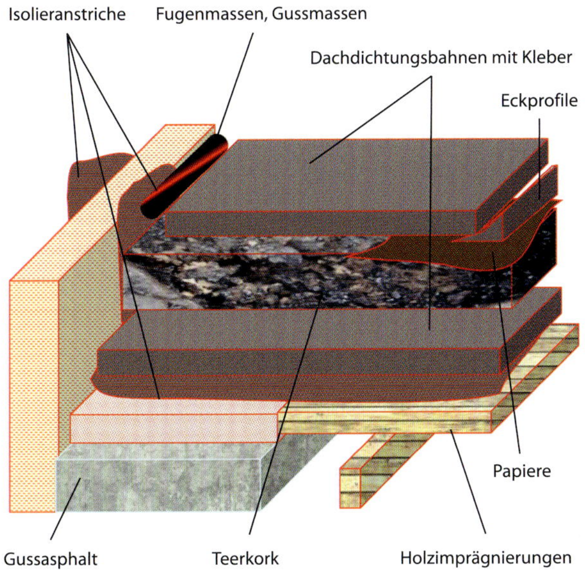

Abb. 4.4: PAK – Dachdichtungen

5 Biozide

Biozidhaltige Holzschutzmittel werden durch Aufsprühen oder bei Vollhölzern durch Tränken und Bohrlochinjektionen appliziert. In der Bundesrepublik Deutschland wurden überwiegend Pentachlorphenol (PCP) und Hexachlorcyclohexan (HCH, auch als „Lindan“ bezeichnet) verwendet, in der DDR überwiegend HCH und Dichlordiphenyltrichlorethan (DDT). Gegen Feuchtigkeit widerstandsfähige Holzwerkstoffplatten (V100-Platten) wurden mit Chlornaphthalinen und Naphthalinen ausgestattet und Vollhölzer mit Teerölen imprägniert. (Die Bezeichnung „V100“ nach DIN 68763 wurde ersetzt durch „Plattentyp P5“ nach DIN EN 312.)

Wollteppiche wurden mit HCH ausgerüstet, Bücher mit Quecksilberverbindungen und Leder und Tier-Präparate mit Arsentrioxid behandelt.

Bei Entwesungsaktionen gegen Wanzen, Kakerlaken, Ameisen und andere Insekten wurden flächig alle Innenraumflächen und Hohlräume z. B. mit Permethrin eingesprüht oder mit HCH geräuchert. Saatgut im Garten- und Landhandel wurde u. a. mit Schwermetallbeizen gebeizt. Bei ehemaligem oder auch bestehendem Mäuse- und Rattenbefall können die entsprechenden Giftköder (Rhodizide) oft in abgelegenen und hohlen Bauteilen vorgefunden werden.

Holzoberflächen an Vollhölzern werden mit einem Lochraspel (Surform-Handraspel) abgezogen und im Werkzeug festgehalten (dabei Handschuhe tragen). Für die Entsorgung sind ggf. Querschnitte notwendig. Sprüh- und Räucheraktionen können mit der Wischprobe (mit einem in Hexan getränkten Lappen nach Fläche und Wischgang definiert aufnehmen) dokumentiert werden.

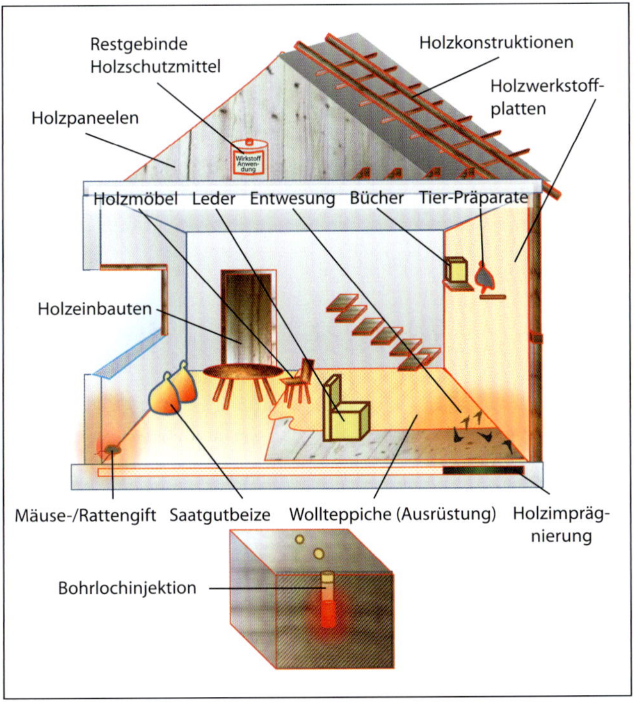

Abb. 5.1: Biozide – Innenraumbelastungen

6 Schwermetalle

6.1 Blei

Metallbauteile im Innenraum

Blei hatte eine weite Verbreitung gefunden. In Farben wurde es für den Innenbereich ab 1921 mit bestimmten Ausnahmen verboten, für den Außenbereich waren Bleifarben bis nach 1960 üblich und wurden dort 1989 ebenfalls verboten. Bleifarben dürfen seitdem nur noch im Denkmalschutz verwendet werden.

Die Bleibauprodukte sind am grauen Bleiglanz beim Anritzen, an der Weichheit des Metalls, am fehlenden Klang und am Gewicht z. B. von Aluminium- und Zinkbauprodukten oder Zinn unterscheidbar.

Sandsteinbauwerke wurden oft mit Blei verfugt, Eisenanker mit Bleiplomben verdübelt. Abwasser- und Trinkwasserrohre aus Blei wurden programmatisch, aber nicht vollständig von den Kommunen ausgetauscht. Auch im Maschinenbau (z. B. als Laschen), Angelschrot oder in der Gardinenbeschwerung wurde Blei lange Zeit verwendet. Blei-Schrotmunition ist noch heute gestattet. Abschirmbleche aus Blei treten in radiologischen Praxen auf.

Das weiche Blei wurde zur Härtung vorrangig mit Antimon, Zinn, Kupfer oder Arsen legiert, Kupfer hingegen mit Blei weicher gemacht. Diese Legierungen sind nicht eindeutig er-

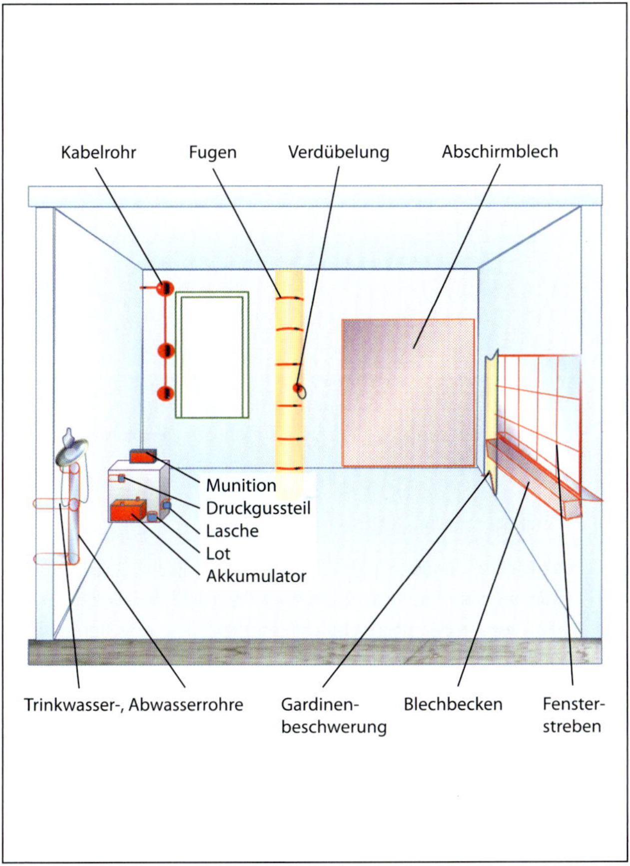

Abb. 6.1: Blei – Metallbauteile im Innenraum

kennbar. Sie wurden und werden in Kabelrohren, im Säurefestbau, bei Gleitlagern, als Lote und in Druckgussteilen, wie Lettern oder Maschinenbauteilen, oder in Bronze und Messing verwendet.

Schwermetallproben werden ausgeschnitten, Farbschichten können mit einer Feile oder Klinge entnommen werden. Staubproben werden mit einem Sauger mit Vorfilter aufgenommen.

Schwermetallproben gelangen überwiegend in die Mehrelementanalyse durch Massenspektrometrie mit induktiv gekoppeltem Plasma (ICP-MS), bei der Arsen, Quecksilber, Bismut, Kupfer, Blei, Zink, Zinn, Silber, Nickel und Cadmium sowie Chrom(VI) als Übersicht betrachtet werden sollten. Um auch niedrige Belastungen zu erfassen, sind Einzelproben zielführender.

Metallbauteile in Dachbereichen

Bleibleche werden oft als flexible Abdichtung an Anschlüssen, aber auch als Flächenbelag verwendet. Bleidübel wurden in die Ankerlöcher eingeschlagen, bis sie einen verfestigten Pfropfen bildeten.

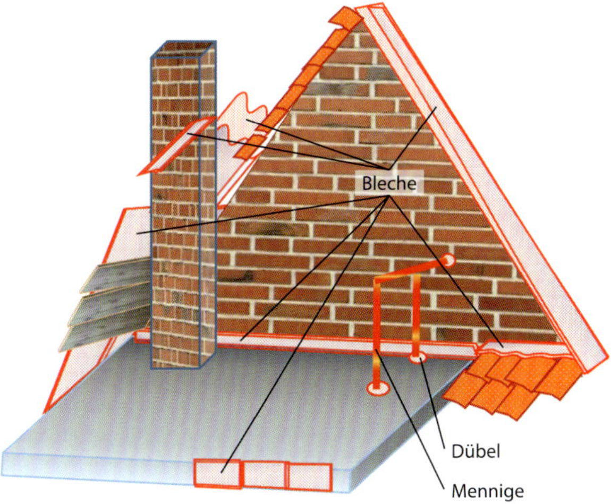

Abb. 6.2: Blei – Metallbauteile in Dachbereichen

Chemische Verbindungen

Die leuchtend rot-orange Bleimennige ist ein Bleioxid (Pb_3O_4) und wird als Rostschutzfarbe eingesetzt. Andere Bleioxide haben braune bis rote Farbtöne, die in Lackfarben verwendet wurden. Bleiweiß ist ein Bleicarbonat, das in Leinöl-Lackfarben mit einem Anteil von 2 bis 50 % häufig vorkam.

Dem Leinöl, u. a. für die Herstellung von Linoleum, wurde bis zu 1 % Blei als Trockenstoff, der das Aushärten beschleunigt, zugesetzt.

Die Verwendung von Blei als Stabilisator in PVC, Rostschutzmitteln (Mennige), Holzschutzmitteln sowie zur Wasseraufbereitung wurde ab den 1980er-Jahren verboten oder überwiegend ersetzt.

Bleimennige ist als Rostschutzgrundierung oft unter anderen Farbbeschichtungen verborgen, fällt aber an allen Störstellen schnell durch ihre typische rot-orange Farbe auf.

Bleiglas hat eine höhere Lichtbrechung, Bleiglasuren enthalten Blei als Schmelzhilfe und Benzinadditive verhinderten das „Klopfen" der Motoren. Schlacken aus der Metallverhüttung können generell Schwermetalle enthalten.

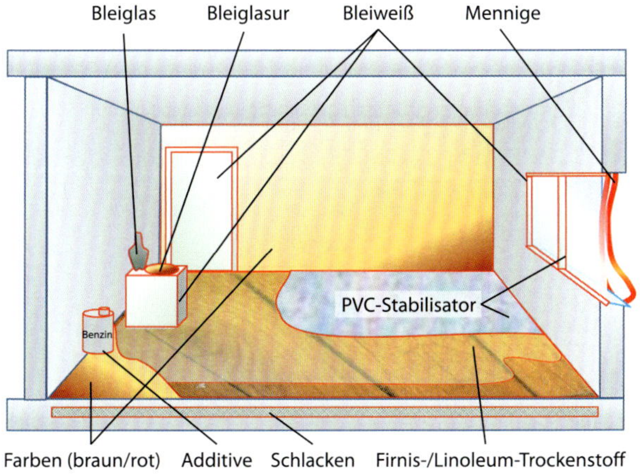

Abb. 6.3: Blei – chemische Verbindungen

6.2 Quecksilber

Quecksilber ist ein bei Raumtemperatur flüssiges Metall, dessen glattrunde und schnell davonrollende Metallkügelchen Reste in alten Spiegelmanufakturen, Laboren, Arztpraxen und Haushalten verursachten. Quecksilber kann zu erheblichen Vergiftungen führen, für die bereits ein altes, zerbrochenes Fieberthermometer genügen kann. Oft bestehen diese Belastungen schon sehr lange Zeit.

Quecksilberthermometer wurden erst 2009 (mit Ausnahmen) verboten. Auch in vielen Messgeräten, Thermoschaltern und Dampflampen kam Quecksilber zur Anwendung. Leuchtstoffröhren enthalten Quecksilber, das im Moment der Zerstörung freigesetzt wird. Ebenso ist Quecksilber enthalten in alten Spiegelbelägen und in Batterien.

Quecksilberamalgam fand für Zahnplomben und in der Industrie Anwendung.

Quecksilberverbindungen wurden als Saatgutbeize und zur Holzkonservierung verwendet. Das Pigment Zinnoberrot (Quecksilbersulfid) ist aufgrund seiner extremen Schwerlöslichkeit allerdings ungiftig.

Quecksilberbelastungen werden aus Fugenspalten mitsamt den dortigen Ablagerungen ausgekratzt oder von Oberflächen abgeschabt bzw. reibend aufgewischt.

Für Quecksilber bestehen mehrere Raumluftanalyseverfahren bis hin zu direktanzeigenden Geräten.

Mit Röntgenfluoreszenzanalyse-Handgeräten (RFA-Handgeräten) kann bei entsprechender Kalibrierung die Überprüfung von z. B. Metalloberflächen oder Elektroplatinen durchgeführt werden.

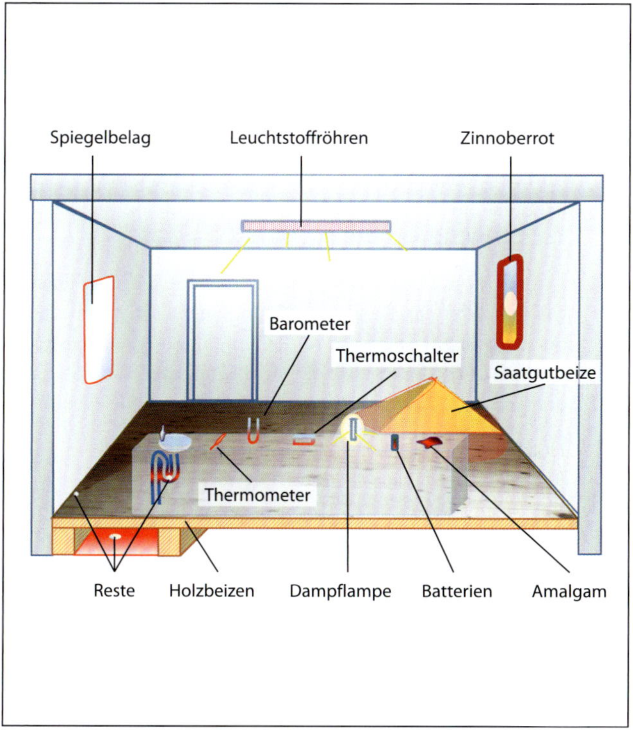

Abb. 6.4: Quecksilber – Vorkommen in Innenräumen

6.3 Weitere Schwermetalle

Arsen, Cadmium und andere Schwermetalle können als Pigmente in Keramikfarben, Lackfarben und Wandfarben vorkommen, Cadmium in gelben Tönen, Arsen in Grün oder Blau.

Im Holzschutz, bei der Lederbearbeitung und in der Landwirtschaft wurden diese und andere Schwermetalle, wie Chrom und Zinn, auch als Bioizide eingesetzt (siehe auch Kapitel 5). Thallium und Arsen wurden als Rattengift verwendet, Thallium wird dazu teilweise bis heute eingesetzt. Schlackeschüttungen in Deckenhohlräumen enthalten je nach Herkunft Blei, Arsen und andere Schwermetalle.

Arsen, Quecksilber, Bismut, Kupfer, Blei, Zink, Zinn, Silber, Nickel, Cadmium, Chrom und Uran können als Legierungsbestandteile in Trinkwasserrohrleitungen und Metallarmaturen bzw. deren Lotstellen vorkommen und sind zuerst im Stagnationswasser (Wasser, das länger als 4 Stunden in der Leitung gestanden hat) erhöht feststellbar.

Auch in Tier-Präparaten können sie vorkommen.

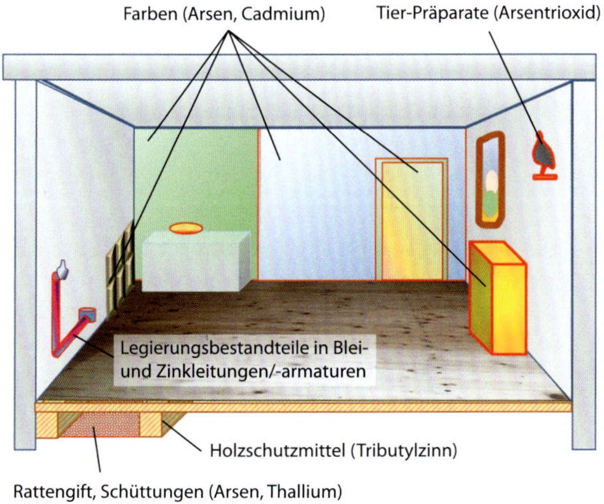

Abb. 6.5: Arsen-, Cadmium- und andere Belastungen in Innenräumen

7 Radon

Radon (^{222}Rn) entsteht aus natürlichen Uranvorkommen und zerfällt nach kurzer Zeit weiter in radioaktive Isotope, wie Polonium, Blei und Wismut, die sich im Feinstaub anreichern und eingeatmet werden können. Im Gebäude werden nach einer Langzeit-Raumluftprüfung undichte Stellen und poröse Materialien ermittelt. Einige Baustoffe, wie Lehm und Steine, enthalten natürliche Radioaktivität.

Die vom Bundesamt für Strahlenschutz publizierten Verdachtsgebiete werden zunehmend ergänzt. Bei den wechselhaften Bodenverhältnissen in Deutschland sind z. B. vorab von Bauvorhaben Prüfungen weiterhin sinnvoll.

Radioaktivität wird mit radiodaktivitätsempfindlichen Filmen in Sammelmonitoren über einen Zeitraum von 0,5 bis 1 Jahr aufgenommen und fotogrammetrisch analysiert. Direktanzeigende Geräte geben nach kurzer Zeit erste Hinweise an vermuteten Eintrittsquellen und aus der Bodenluft.

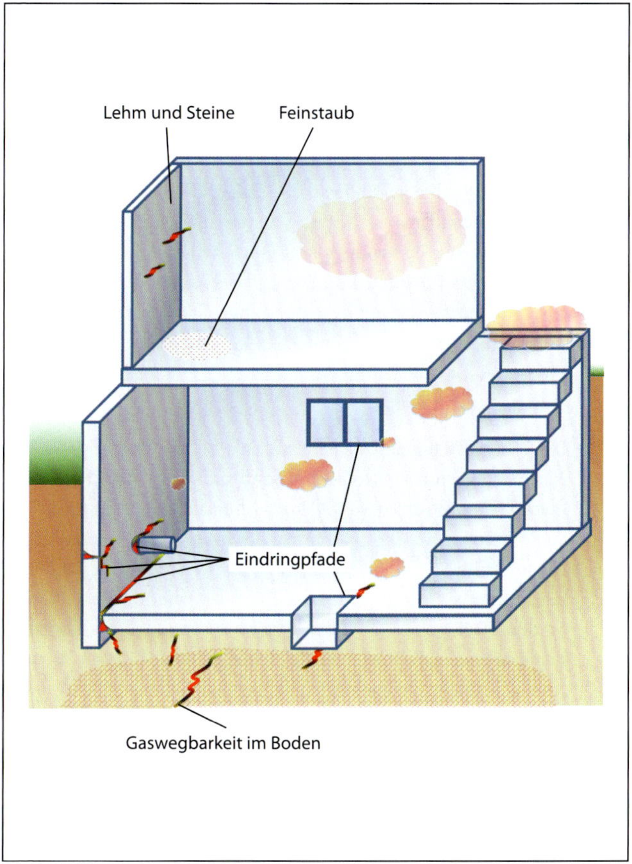

Abb. 7.1: Radon – Innenraumbelastungen

8 Feinstäube

Feinstaubquellen geben feste und flüssige Partikel ab oder gasen Substanzen aus, die dann zu feinen Partikeln kondensieren bzw. Partikel vergrößern. Die Partikel schweben oft sehr lange in der Raumluft, der Luftwechsel und die Konvektion mit Sedimentation beschleunigen aber die Abnahme des Schwebstaubes. Partikel können insgesamt durch chemische, physikalische oder biologische Mechanismen abgebaut, aber auch aufgebaut werden.

Die mit größenselektiver Sammlung oder direktanzeigenden Messverfahren festgestellte Größenordnung, z. B. als Feinstaub (FP $\leq$ 10 µm bzw. $\leq$ 2,5 µm) oder ultrafeine Partikel (UFP $\leq$ 100 nm), und die Menge der Partikel geben erste Hinweise auf ihre Quellen. Staub, der z. B. mit Impaktoren oder auf Filtern gesammelt wurde, kann durch chemische Analysen an der jeweiligen Staubsammelfraktion oder mit Mikrosondenanalysen (z. B. Rasterelektronenmikroskop [REM], Infrarot-Laser-Mikroskopie) an einzelnen Partikeln qualitativ bestimmt und damit den emittierenden Quellen besser zugeordnet werden.

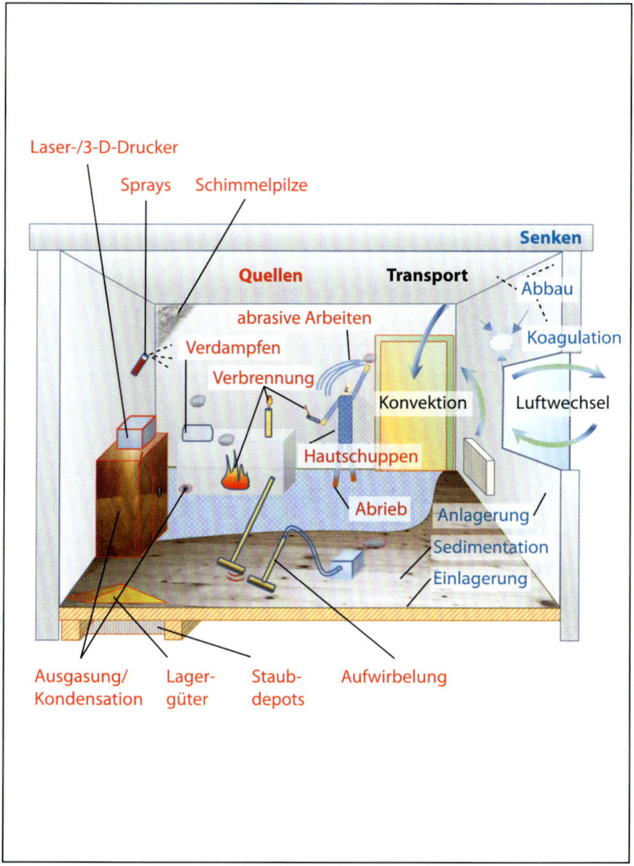

Abb. 8.1: Feinstaub – Dynamiken im Innenraum

9 Schadstoffe durch Brandschäden

Bei einem Vollbrand mit ausreichend Zuluft bilden sich weniger Schadstoffe aus als bei einem Mangel an Luftzutritt. Chlororganische Stoffe, wie PVC, PCB, oder Flammschutzmittel, wie Hexa- und Pentachlorbenzol, bilden starken Ruß und Salzsäure (HCl) oder andere Halogensäuren. Bei einem Schwelbrand mit vielen Halogenen und Kupfer als Katalysator können auch Dioxine und Difurane entstehen. Außerdem entstehen bei solchen Bränden ohne Zuluft verstärkt aromatische Kohlenwasserstoffe (BTXE), Blausäure (HCN, insbesondere bei Anwesenheit von organischen Stickstoffverbindungen), PAK, Kohlenstoffmonoxid (CO) und Stickstoffoxide (NO_x).

Mit einer Wischprobe mit einem organischen Lösemittel (z. B. Hexan) können Dioxine, PCB, Hexa- und Pentachlorbenzol sowie PAK erfasst werden. Freigesetztes Chlor als Salzsäure wird mittels einer wässrigen Wischprobe mit destilliertem Wasser gesammelt (gilt ggf. auch für andere Halogene). Partikel wie Asbest können mit Klebefilmproben entnommen werden; es stehen dafür spezielle Kohlenstoff-Klebepads zur Verfügung.

Rußablagerungen können durch Abwischen mit weißen Tüchern oder im Kontrast zu abgedeckten hellen Flächen erkannt werden. Ruß zeigt dabei ein tiefes Schwarz, Hausstaub aber nur ein dunkles Grau.

Der Brandgeruch im Bauwerk muss mit „frischer Nase“ entgegen dem Brandherd festgestellt werden. Er beaufschlagt insbesondere saugfähige Materialien, wie Textilien, Polsterfüllungen und Putze, wo er bis in die tieferen Schichten der Materialien überprüft werden sollte.

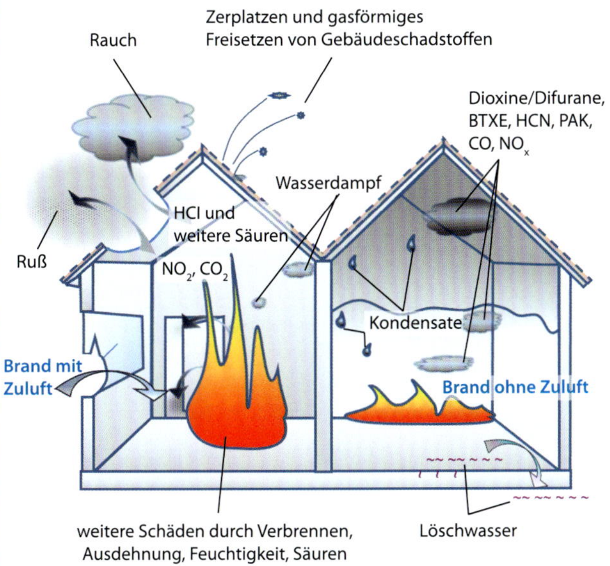

Abb. 9.1: Brandschäden – Schadstoffbildung

10 Weitere Prüfbereiche

10.1 Gerüche

Vom Geruchsbild im Raum kann besser auf die materiellen Quellen rückgeschlossen werden, wenn:

- die Geruchseindrücke beim ersten, sanften Atemzug im jeweiligen Raum sofort benannt und damit bewusst gemacht werden,
- die Gerüche zuerst nach ihrem grundsätzlichen Charakter, wie süß oder sauer, dumpf oder fliegend, benannt werden und damit am Material in höherer Konzentration besser abgeglichen werden können als über konkrete Vergleiche („riecht wie Heu", „riecht wie Teer"),
- die direkte Materialansprache sehr schnell, **alles** umfassend sowie mehrfach mit erfrischter Nase ausgeführt wird und
- Geruchsdepots unter Abdeckungen sowie Hohlräume (Schränke, Wände usw.) mit erfasst werden, die Luft der Wand dazu durch Stöße ventilieren lassen.

Bei der Suche muss die Raumluftthermik beachtet werden. Nebengerüche, wie Duftspender, Parfüm usw., sind auszuschließen.

Nach der Prüfung vor Ort können auffällige Materialien entnommen und in Probengläschen (z. B. 20-ml-Septumgläschen) gesetzt werden. Dann können sie in neutraler Umgebung am warmen Glas nochmals vorsichtig geruchlich geprüft werden.

Wenn für bestimmte Substanzen ein charakteristischer Geruch beschrieben wird, können mit Raumluftmessungen auf VOC, die vorwiegend dem Richtwerteabgleich dienen, auch Hinweise auf die typischen Quellen erhalten werden.

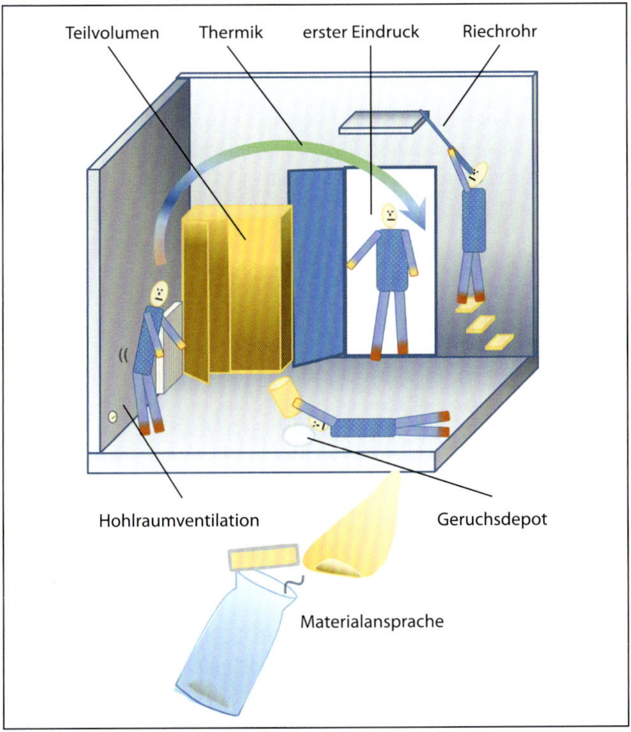

Abb. 10.1: Gerüche – Suchstrategie

10.2 Schädlinge in Gebäuden aufspüren

Beim Aufspüren der Schlupflöcher und Rückzugsbereiche von Tieren hilft der Abgleich mit ihren natürlichen Lebensräumen, dem typischen Geruch und den Fraß- und Kotspuren.

Mäuse und Ratten treten vorwiegend ebenerdig ein, bei Rankenbewuchs und anderen Aufstiegshilfen aber auch höher. Sie verstecken sich in hohlen Bauteilen und Gegenständen. Mäusekot ist meistens klein (1 bis 2 mm, etwas gekrümmt), aber als Markierung recht groß (3 bis 7 mm, breit angedrückt). Urinspuren von Mäusen leuchten im UV-Licht. Ratten leben oft im Kellergeschoss. Ihr Kot misst über 5 bis 15 mm. Hausratten legen Toiletten an festen Orten an, auch höher im Gebäude.

Marder treten oft über Dachlücken ein, suchen hoch liegende Verstecke und fallen durch ihre Lebhaftigkeit auf. Sie hinterlassen eingeschleppte Fraßreste und vorwiegend weichen, streng riechenden Kot.

Siebenschläfer riechen nach Kaninchen und suchen gerne Dächer, hohle Decken und Wände auf.

Tauben, Stare oder Krähenvögel riechen nach Guano. Sie treten vorwiegend oben in die Gebäude ein. Vögel können auch am Gesang identifiziert werden.

Insekten, wie Ameisen und Essigfliegen, dringen oft – der Wärme folgend – über Verschalungen und kleinste Löcher ein. Sie riechen nach Chitin und süßlich-sauer.

Schlangen riechen nach Horn und Urin. Sie dringen ebenerdig ein und suchen Deckung und Wärme.

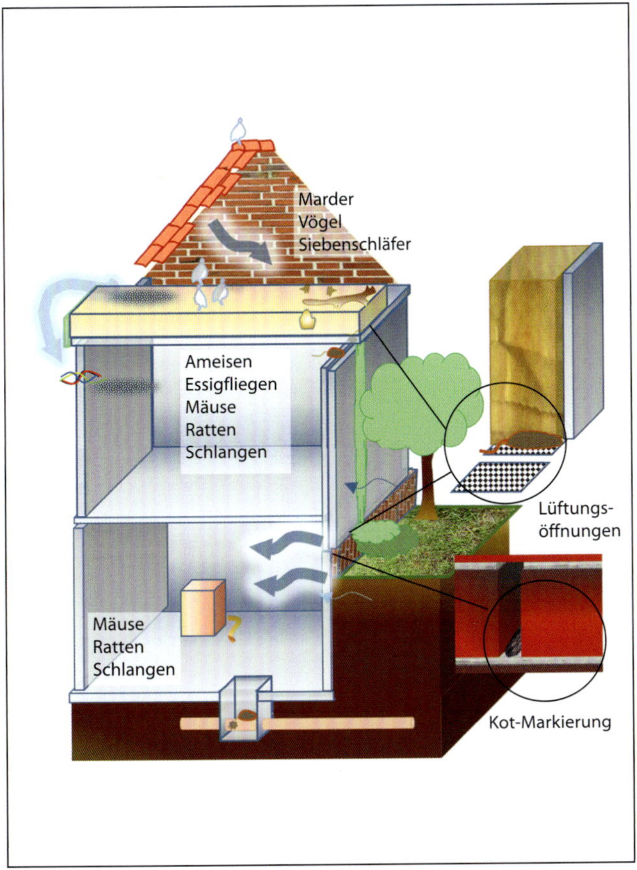

Abb. 10.2: Schädlinge – Eindringpfade in Gebäuden

10.3 Fertighäuser

Ältere Fertighäuser haben aufgrund ihrer Typenbauweise charakteristische Verdachtspunkte für die Gebäudeschadstoffe: Asbest, KMF, PAK, Chlornaphthaline, PCP, HCH und andere Holzschutzmittel, Schimmelpilze, VOC, wie Chloranisol und Carbonsäuren, Formaldehyd (HCOH) und andere Aldehyde.

Das Belastungsbild Chloranisol dokumentiert sich in Spanplatten, die mit PCP imprägniert wurden, durch einen Geruch, der wie beim sog. „Korkstich" im Wein durch die Verstoffwechselung durch einen Schimmelpilz entsteht.

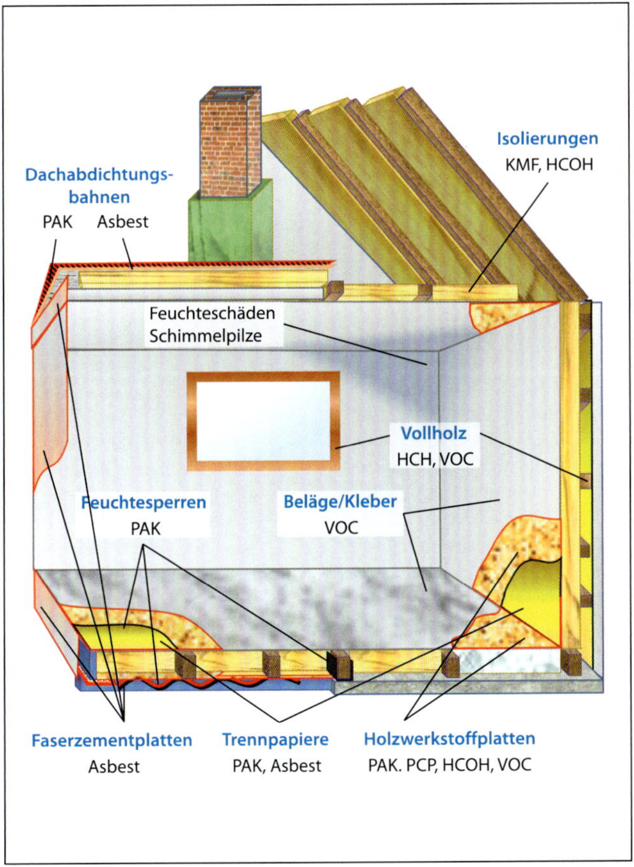

Abb. 10.3: Fertighäuser – Typische Gebäudeschadstoffe

Weiterführende Literatur

Bossemeyer, Hans-Dieter; Dolata, Stephan; Schubert, Uwe; Zwiener, Gerd: Schadstoffe im Baubestand. 2., aktual. und erw. Aufl. Köln: Verlagsgesellschaft Rudolf Müller, 2019

DGUV 201-012. Verfahren mit geringer Exposition gegenüber Asbest bei Abbruch-, Sanierungs- und Instandhaltungsarbeiten. Stand: Dezember 2006. Berlin: Deutsche Gesetzliche Unfallversicherung e. V. (DGUV), 2006

DGUV 201-012 Ergänzung BT 31. Ausstanzen von asbesthaltigen Wand- und Deckenbekleidungen in einen Kunststoffbeutel als Schleuse (Stanzverfahren). Stand: April 2012. Berlin: Deutsche Gesetzliche Unfallversicherung e. V. (DGUV), 2012

DGUV 201-012 Ergänzung BT 32. Abstemmen asbesthaltiger Wand- und Deckenbekleidungen in einen Kunststoffbeutel als Schleuse (Stemmverfahren). Stand: April 2012. Berlin: Deutsche Gesetzliche Unfallversicherung e. V. (DGUV), 2012

DIN 68763:1990-09 Spanplatten – Flachpressplatten für das Bauwesen – Begriffe, Anforderungen, Prüfung, Überwachung [zurückgezogen]

DIN EN 312:2010-12 Spanplatten – Anforderungen

DIN EN 60335-2-69:2015-07 Sicherheit elektrischer Geräte für den Hausgebrauch und ähnliche Zwecke – Teil 2-69: Besondere Anforderungen für Staub- und Wassersauger für den gewerblichen Gebrauch

TRGS 519. Technische Regeln für Gefahrstoffe – Asbest: Abbruch-, Sanierungs- oder Instandhaltungsarbeiten. Ausgabe: Januar 2014, zuletzt geändert und ergänzt Oktober 2019. Berlin: Bundesanstalt für Arbeitsschutz und Arbeitsmedizin, Ausschuss für Gefahrstoffe (AGS), 2014, zuletzt geändert und ergänzt: Gemeinsames Ministerialblatt, Nr. 40, 17.10.2019, S. 786–798